|오북스 수학에듀테크

AIgeoMath

수학 AI 디지털교과서활용을 위한 필독서

알지오매스 활용
중학교 수학 프로젝트 활동

조창현 지음

 19가지 중학교 수학 프로젝트 사례

2022년 교육과정에 맞춘 내용 구성

알지오3D, 블록코딩, 확률실험기 등 새로운 도구 소개

2025년부터 도입되는 AI 디지털교과서에서 활용 가능

예제 파일 QR코드 및 링크 제공

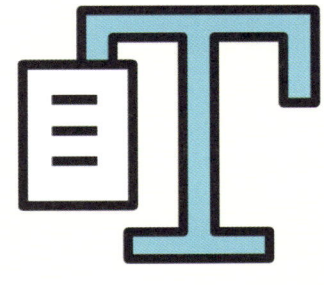

지오북스

AlgeoMath

알지오매스 활용 중학교 수학 프로젝트 활동

발 행	2024년 5월 1일
저 자	조창현
펴낸곳	지오북스
등 록	2016년 3월 7일 제395-2016-000014호
전 화	02)381-0706 / 팩스 02)371-0706
이메일	emotion-books@naver.com
홈페이지	www.geobooks.co.kr
ISBN	979-11-91346-79-4
정 가	19,000 원

이 책은 저작권법으로 보호받는 저작물입니다.
이 책의 내용을 전부 또는 일부를 무단으로 전재하거나 복제할 수 없습니다.
파본이나 잘못된 책은 바꿔드립니다.

머릿말

　에듀테크를 활용한 교육은 교육격차를 완화하고 학생의 자기주도적 맞춤학습을 실현하기 위한 방안으로 대두되고 있습니다. 그 중 눈여겨볼 만한 도구로 '알지오매스'가 있습니다. 알지오매스는 2018년 한국과학창의재단이 교육부, 17개 시도교육청과 함께 개발해서 무료로 보급하는 수학 탐구용 소프트웨어입니다. 그동안 알지오매스를 학교 수학에 도입하기 위한 많은 노력이 있었고, 지금은 필수적인 수업 도구로 수학 교사에게 인식되고 있습니다. 또한, 2025년부터 학교에 도입되는 AI 디지털교과서에서는 알지오매스 콘텐츠를 모듈화하여 활용 가능하도록 추진하고 있어 그 중요성이 더욱 강조될 전망입니다.

　수학은 인공지능(AI), 데이터 사이언스 등 미래 첨단기술의 주요 기저로 그 중요성이 강조되고 있습니다. 교육부에서도 3차에 걸친 수학교육 종합계획을 통해 수학교육을 강화하고 있는데, 가장 강조하고 있는 것이 '활동과 탐구 중심의 수학교육 패러다임의 변화'이고, 이를 실현하기 위해 개발된 도구가 '알지오매스'입니다. 하지만 알지오매스는 아직 많은 수업 현장에서 개념의 시각화를 위한 도구 정도에 머물고 있습니다. 활동과 탐구의 도구로서 알지오매스가 갖고 있는 잠재성을 고려할 때 너무도 안타까운 마음이 들었습니다. 알지오매스가 갖고 있는 힘은 시각화한 수학적 개념을 조작하고, 탐구하는 데 있습니다. 이 책을 쓰기로 마음 먹은 이유는 활동과 탐구 도구로서 알지오매스를 소개하기 위함이었습니다.

　알지오매스는 '알지오 2D, 알지오 3D, 알지오 문서'로 이루어져 있습니다. 알지오매스는 본래 2차원 평면에서의 변화와 관계(문자와 식, 규칙성과 함수), 도형과 측정(기하) 영역에서의 학습 도구로 사용되었지만, 알지오 3D가 추가되면서 3차원 공간에서의 입체도형을 탐구할 수 있게 되었고, 블록코딩, 확률실험기 등의 강력한 도구가 추가되면서 '수와 연산', '자료와 가능성(확률과 통계)' 영역에서도 사용이 가능한 도구로 탈바꿈하였습니다. 따라서 이를 잘 활용한다면 학생들의 디지털 리터리시 역량을 기르고, 탐구와 조작을 통해 수학을 이해하는 좋은 기회가 될 수 있을 것입니다.

　본 책에서는 중학교 수학 수업 시간에 할 수 있는 19가지 프로젝트 활동을 소개합니다. 프로젝트 활동의 대부분은 '변화와 관계, 도형과 측정' 영역이지만, '수와 연산', '자료와 가능성' 영역의 활동도 소개하여 알지오매스의 활용 범위를 넓히고자 했습니다. 또한, 알지오 3D를 활용하는 프로젝트 활동 사례를 최대한 많이 소개하였습니다. 이 책을 천천히 따라가다 보면 수학의 개념들이 저절로 녹아들어가는 알지오매스 활용 수업을 만들 수 있을 것입니다

　마지막으로 이 책을 쓰는 과정에서 원고를 교정하고, 독자 입장에서 이해하기 쉽게 많은 도움을 준 아내와 함께 알지오매스에 빠져 개발한 콘텐츠를 따라하며 힘이 되어 준 아이들에게 감사의 인사를 전합니다.

저자소개

이 책을 쓴 조창현은 연필 없이 노트북과 아이패드만으로 수학을 공부하는 디지털 탐험가이다. 수학 교사가 되면서 지오지브라, 엑셀, 파워포인트, 한글 등 다양한 디지털 도구로 수학을 나타내는 즐거움에 빠져 살아왔다. 코로나19로 인한 교육환경의 변화 속에 수년간 원격수업과 온라인 수학체험전을 운영해 오면서 디지털 도구의 활용은 나만의 과제가 아닌 모두의 과제가 되었고, 2018년 개발된 알지오매스는 새로운 놀이터가 되었다. 수학 개념을 시각화하기 위한 도구로서, 수학 탐구를 위한 도구로서, 수학 체험을 위한 도구로서 알지오매스 활용을 위한 고민을 해왔고, 지금은 많은 수학 선생님들을 만나며 그 경험을 나누고 있다. 현재 한국과학창의재단 알지오매스 자문단으로서 활동도 하고 있다. 알지오매스 외에 3D영상, 3D모델링, 메타버스, 파워포인트, 엑셀 등 디지털 도구를 활용한 수학 프로그램 개발에 힘쓰고 있다.

책의 구성

 좌표평면과 그래프 → 교과과정 분류

1. 좌표평면과 좌표 찾기

 → 예제 파일 링크 및 큐알코드

활동 의도

순서쌍과 좌표는 초등학교에서는 배우지 않았던 '함수와 그래프'라는 새로운 개념이 시작되는 단원으로 순서쌍, x축, y축, 좌표축, 원점, 좌표평면, 좌표, y좌표, 제1사분면, 제2사분면, 제3사분면, 제4사분면 등 많은 용어가 등장합니다. 알지오매스는 이러한 용어를 좌표평면에 나타내어 이해하는 데 좋은 도구가 될 수 있습니다. 특히, 좌표평면에 점을 찍거나 점의 좌표를 읽는 활동은 이후 그래프를 나타내는 활동에서 매우 중요한 부분이므로 충분한 연습이 필요합니다. 본 활동에서는 알지오매스 블록코딩을 이용하여 좌표평면에 찍은 점의 x좌표, y좌표, 좌표를 나타내는 과정을 소개하고자 합니다.

→ 단원 활동 의도

→ 교육과정 분석

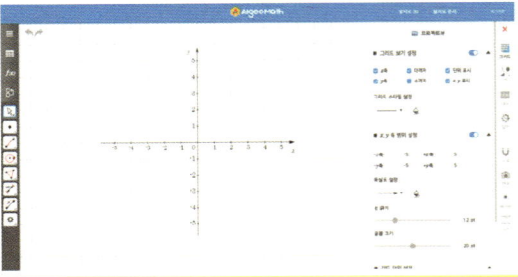

→ 단원 활동하기

목차

1. 좌표평면과 좌표 찾기 …………………………………………… 9
2. 실생활 그래프 그리기 …………………………………………… 19
3. 점, 선의 자취로 그림 그리기 …………………………………… 25
4. 알지오매스를 활용한 작도하기 ………………………………… 29
5. 블록코딩을 활용한 정다각형의 대각선 나타내기 …………… 37
6. 배율블록을 활용한 다각형 외각의 합 확인하기 …………… 43
7. 부채꼴의 중심각과 호의 길이, 넓이, 현의 길이 …………… 51
8. 블록코딩으로 부채꼴의 넓이 공식 유도하기 ……………… 61
9. 알지오3D를 활용한 정다면체가 5가지밖에 없는 이유 …… 73
10. 알지오3D를 활용한 회전체 만들기 ………………………… 81
11. 알지오매스를 활용한 통계 자료 만들기 …………………… 89
12. 자취 기능을 활용한 일차함수의 그래프 그리기 ………… 99
13. 알지오매스를 활용한 삼각형의 외심 팽이 만들기 ……… 107
14. 블록코딩으로 사각형의 대각선의 성질 탐구하기 ……… 117
15. 알지오3D로 맹거스펀지 블록코딩하기 …………………… 129
16. 블록코딩을 활용한 제곱근의 근삿값 구하기 …………… 141
17. 자취 기능을 활용한 이차함수의 그래프 그리기 ……… 149
18. 삼각비를 이용한 건물의 높이 구하기 …………………… 157
19. 원의 현을 이용한 스트링아트 ……………………………… 169

변화와 관계 좌표평면과 그래프

1. 좌표평면과 좌표 찾기

me2.do/x58QkSxx

활동 의도

 순서쌍과 좌표는 초등학교에서는 배우지 않았던 '함수와 그래프'라는 새로운 개념이 시작되는 단원으로 순서쌍, x축, y축, 좌표축, 원점, 좌표평면, x좌표, y좌표, 제1사분면, 제2사분면, 제3사분면, 제4사분면 등 많은 용어가 등장합니다. 알지오매스는 이러한 용어를 좌표평면에 나타내어 이해하는 데 좋은 도구가 될 수 있습니다. 특히, 좌표평면에 점을 찍거나 점의 좌표를 읽는 활동은 이후 그래프를 나타내는 활동에서 매우 중요한 부분이므로 충분한 연습이 필요합니다. 본 활동에서는 알지오매스 블록코딩을 이용하여 좌표평면에 찍은 점의 x좌표, y좌표, 좌표를 나타내는 과정을 소개하고자 합니다.

교육과정 분석

학년	1학년	영역	변화와 관계
성취기준	[9수02-05] 순서쌍과 좌표를 이해하고, 그 편리함을 인식할 수 있다.		
단원의 지도목표	✔ 순서쌍과 좌표를 이해하게 한다. ✔ 좌표평면 위의 점의 위치를 좌표로 나타낼 수 있게 한다.		
단원의 지도상의 유의점	✔ 실생활에서 좌표가 사용되는 예를 찾아 보고 이를 수직선 또는 좌표평면 위에 표현해 보며, 그 유용성과 편리함을 인식하게 한다.		
관련 선행개념	규칙과 대응, 비례식, 수직선, 대입		
성취수준	수준	성취 수준	
	하	구체적인 예를 통하여 수직선과 좌표평면에서의 점의 위치를 나타내는 방법을 안다.	
	중	수직선과 좌표평면에서의 점의 위치를 나타내는 방법을 비교하여 보고, 좌표평면에서의 점의 위치를 읽고 나타낼 수 있다.	
	상	좌표평면에서의 순서쌍의 필요성을 알고, 점의 위치를 읽고 나타내는 방법을 설명할 수 있다.	

활동하기

이 활동에서 필요한 알지오매스 도구

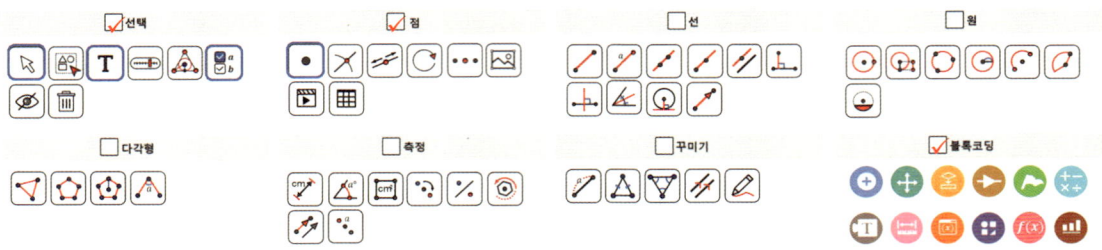

환경설정(⚙)에서 그리드(▦)의 설정을 변경합니다. '그리드 보기 설정'에서 '▬ 소격자'를 체크해제합니다. 'x, y축 범위 설정'을 켜고(⬤), '글꼴 크기'를 20 pt로 설정하고, '확인'을 누릅니다.

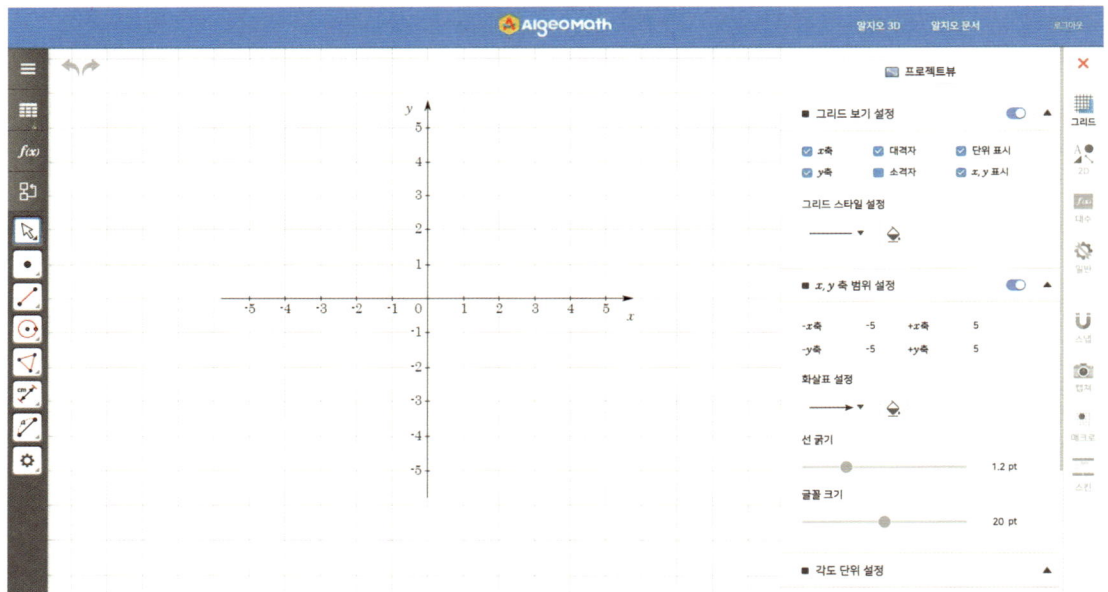

환경설정(⚙)_2D(🖉)에서 '글꼴: 바탕체(30pt)'로 설정합니다.

그리고 스냅 설정(U)에서 '대격자'로 설정합니다. 이는 기하창에 찍을 점 P의 x좌표, y좌표를 정수 범위에서 정하기 위함입니다.

대수창(𝑓𝑥)에 '대수식'과 '범위'를 이용하여 다음과 같이 각 사분면을 나타냅니다. '대수식'과 '범위'에 입력된 식은 위치를 바꿔 입력해도 각 사분면이 나타나는 영역이 바뀌지 않습니다. 다음과 같이 각 사분면을 나타내는 이유는 사분면의 색을 변경할 때 사분면의 경계가 되는 좌표축 위의 직선을 선택하게 되는데, 이때 직선이 겹치지 않게 하기 위함입니다.

제1사분면(대수식: $y>0$, 범위: $x>0$)	➕ 🔵	a_1 $y>0$ (…) $x>0$
제2사분면(대수식: $x<0$, 범위: $y>0$)	➕ 🔵	c_1 $x<0$ (…) $y>0$
제3사분면(대수식: $y<0$, 범위: $x<0$)	➕ 🔵	e_1 $y<0$ (…) $x<0$
제4사분면(대수식: $x>0$, 범위: $y<0$)	➕ 🔵	g_1 $x>0$ (…) $y<0$

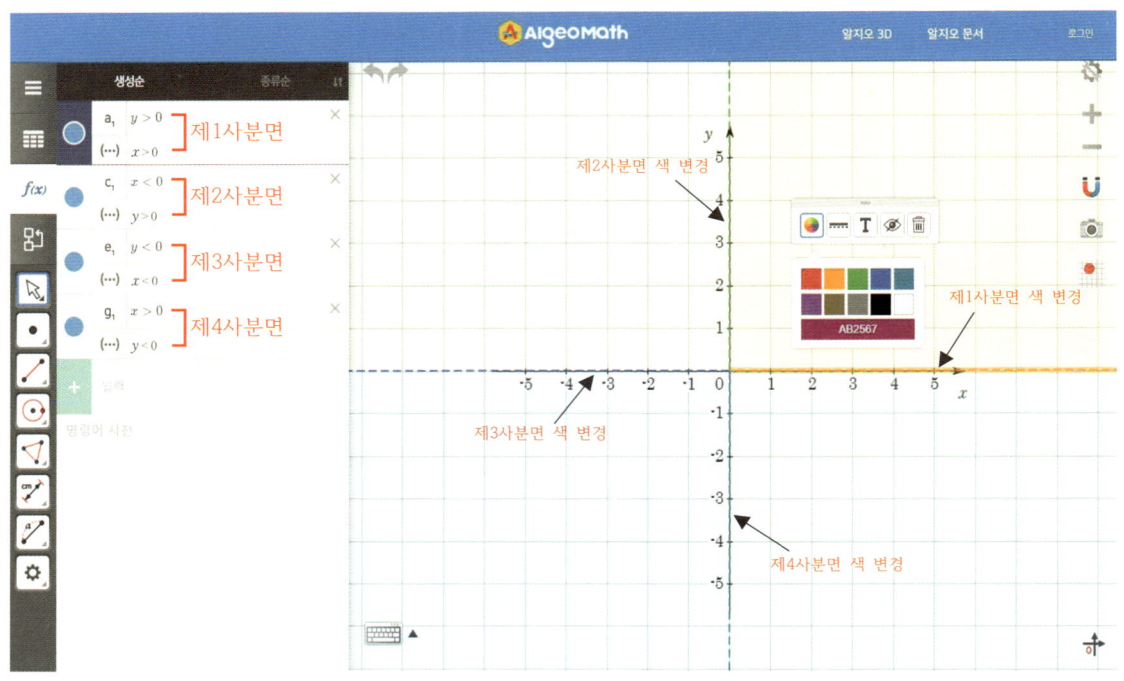

선택 메뉴( )에서 텍스트(T)를 이용하여 각 사분면에 이름을 나타냅니다.

점 메뉴(•)에서 점(•)을 이용하여 제1사분면 위에 점을 하나 삽입합니다. 알지오매스에서는 어떤 도구를 사용한 후 키보드의 'ESC'키를 누르는 습관을 들이는 것이 좋습니다. 이는 선택 메뉴(↖)에서 선택(↖)을 실행한 것과 같습니다. 'ESC'를 누른 후 삽입된 점의 이름을 선택하면 점이 이름을 변경할 수 있는데, 점의 이름을 'P'로 변경합니다.

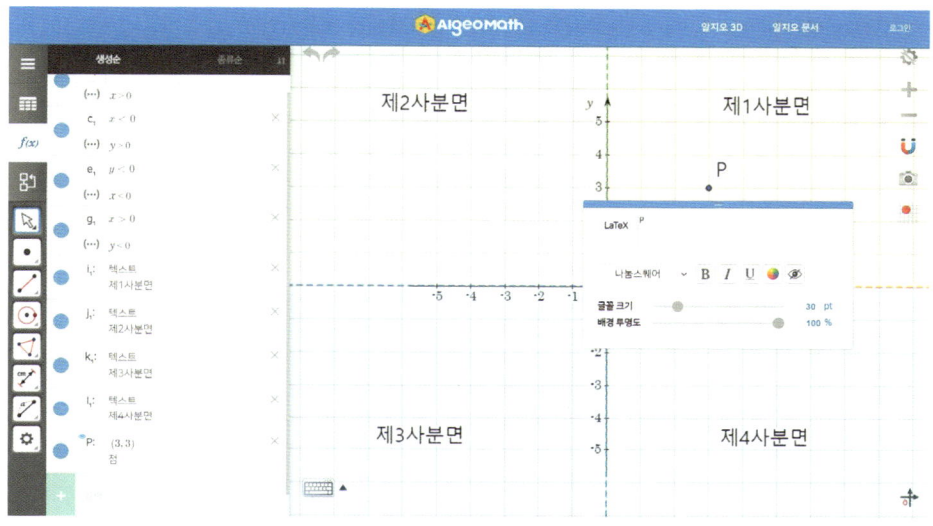

선택 메뉴(↖)에서 체크박스(☑)를 이용하여 각 사분면을 나타냅니다. '텍스트 입력'에는 각 사분면의 이름을 적고, '보이고 숨길 대상'에 각 사분면에 해당하는 '영역'과 '텍스트'를 선택하여 확인을 누릅니다.

1. 좌표평면과 좌표 찾기

각 사분면에 해당하는 체크박스를 체크하면 기하창에 해당 사분면의 '영역'과 '이름'이 표시됩니다.

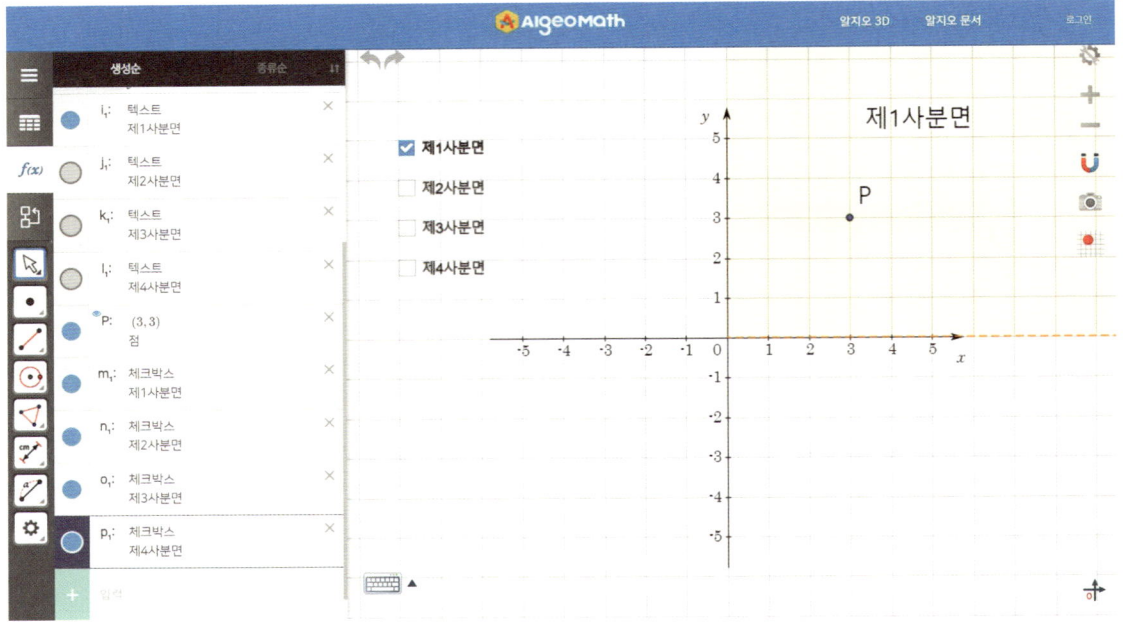

이제 점의 좌표를 나타내는 블록코딩을 짜보겠습니다. 먼저 블록코딩( ) 창을 실행합니다. 변수블록( )에서 변수 만들기_을 이용하여 변수 x, y를 추가합니다.

이벤트 블록  밑에 을 2개 끼우고, 변수를 각각 x, y로 변경합니다. 측정블록( )에서 을 이용하여 '변수 x의 값'을 '점 P의 x좌표 가져오기'로, '변수 y의 값'을 '점 P의 y좌표 가져오기'로 설정합니다.

구성블록(⊕)에서 (1 · 2) 에 텍스트 " Hello 알지오! " 를 " t1 " 로 만들기 을 삽입하고, 블록을 우클릭하여 '입력 여러줄로 하기'를 선택하면 아래 그림과 같이 블록의 모양이 세로 형태로 변경됩니다.

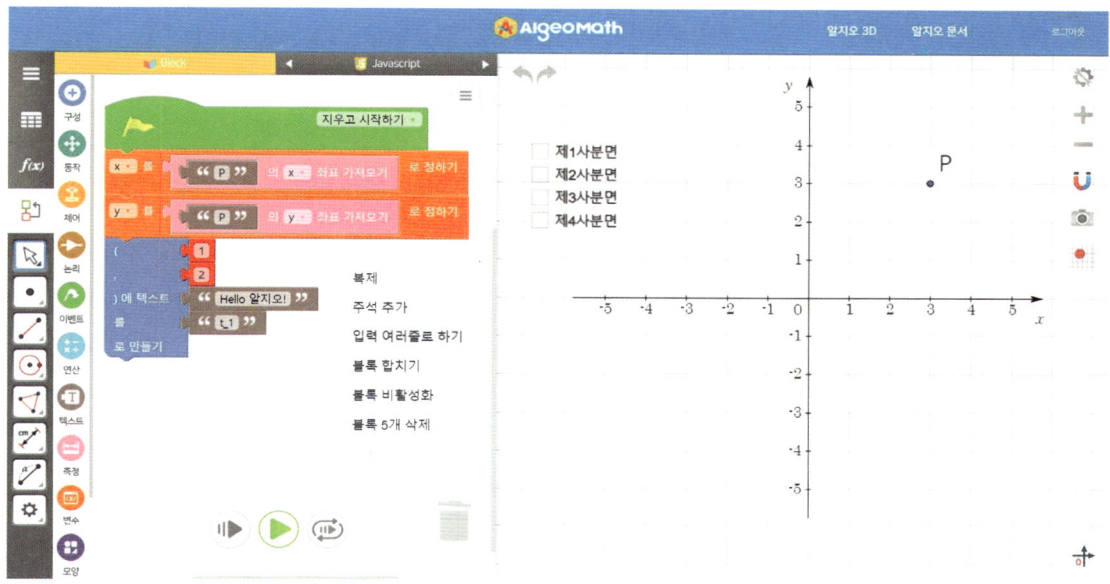

측정블록(▭)에서 " A " 의 x · 좌표 가져오기 을 이용하여 텍스트 위치의 x좌표, y좌표를 각각 점 P의 x좌표, y좌표로 설정하고, 텍스트 블록(T)에서 ⚙ 텍스트 연결하기 " 안녕? " " 알지오~ " 을 이용하여 점 P의 좌표를 기하창에 나타냅니다. 텍스트 연결하기에서 설정(⚙)을 누르고, i 를 끼우면 연결할 텍스트의 개수와 순서를 조정할 수 있습니다. i 를 5개 끼우고, 다음과 같이 텍스트를 연결해 보세요. ⚙를 다시 선택하면 끼우기 창이 사라집니다.

 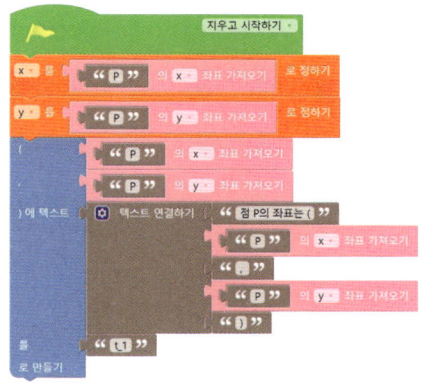

블록코딩을 실행(▶)하면 그림과 같이 기하창에 점 P의 좌표가 나타납니다.

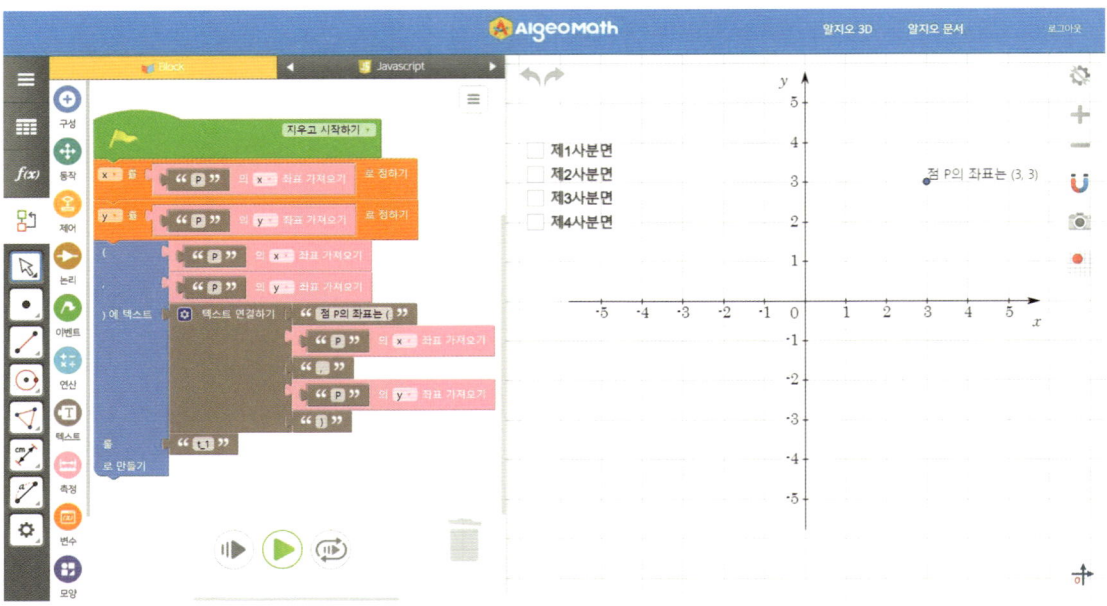

구성블록(⊙)에서 [(1 , 2)에 점 "A" 만들기] 을 이용하여 점 P를 각각 x, y축에 내린 수선의 발 A, B를 다음과 같이 나타내 보세요.

점 P를 x축에 내린 수선의 발 A: [("P"의 x 좌표 가져오기 , 0)에 점 "A" 만들기]

점 P를 y축에 내린 수선의 발 B: [(0 , "P"의 y 좌표 가져오기)에 점 "B" 만들기]

그리고 [두 점 "A", "B" 으로 선분 "c" 만들기] 을 이용하여 '점 P와 점 A', '점 P와 점 B'를 각각 '선분 c'로 이어 보세요.

모양블록(◈)에서 ["A"의 사이즈를 4 기본 을(를) 1 번으로 변경하기] 을 이용하여 선분 c의 사이즈를 1, 기본을 1번으로 변경하고, [모든 점 을 감추기] 을 이용하여 모든 '점의 이름'을 감추세요.

블록코딩을 실행(▶)하면 그림과 같이 기하창에 점 P를 각각 x축, y축에 내린 수선의 발과 수선이 점선 형태의 선분으로 나타납니다.

구성블록(⊕)에서  을 이용하여 점 P의 x절편, y절편을 각각 점 A, B위치에 나타내 보세요.

[점 P의 x절편 나타내기]   [점 P의 y절편 나타내기]

이제 다시 블록코딩을 실행(▶)하면 다음과 같이 점 P의 좌표와 x절편, y절편이 기하창에 나타납니다. 점 P가 속한 사분면의 체크박스를 체크(✔)하면 점의 좌표와 사분면을 함께 확인할 수 있습니다.

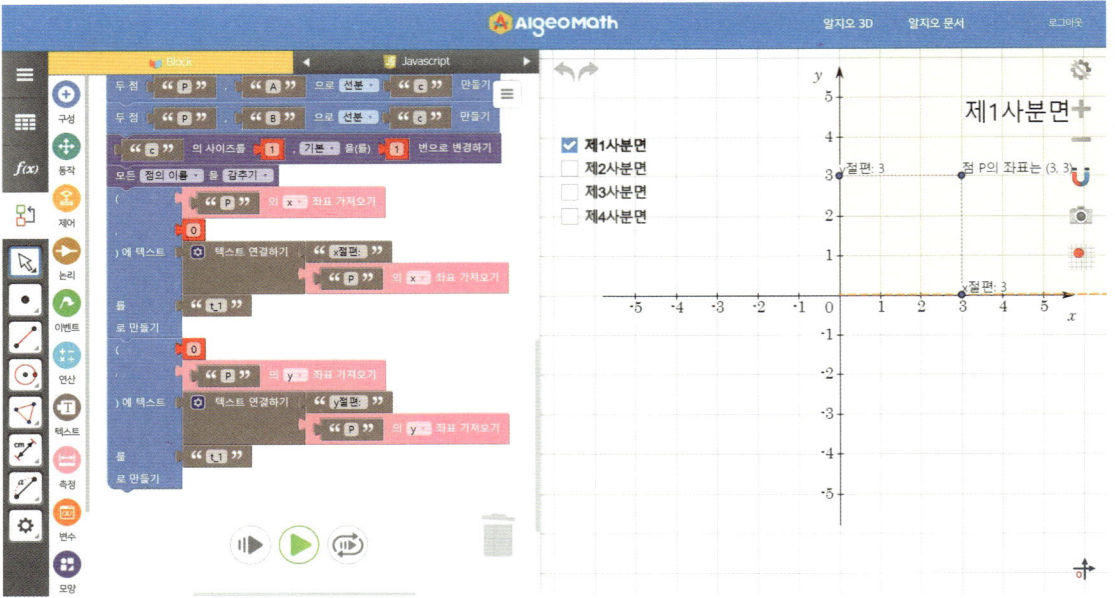

점 P의 좌표를 이동하면서 블록코딩을 실행(▶)해 보세요.

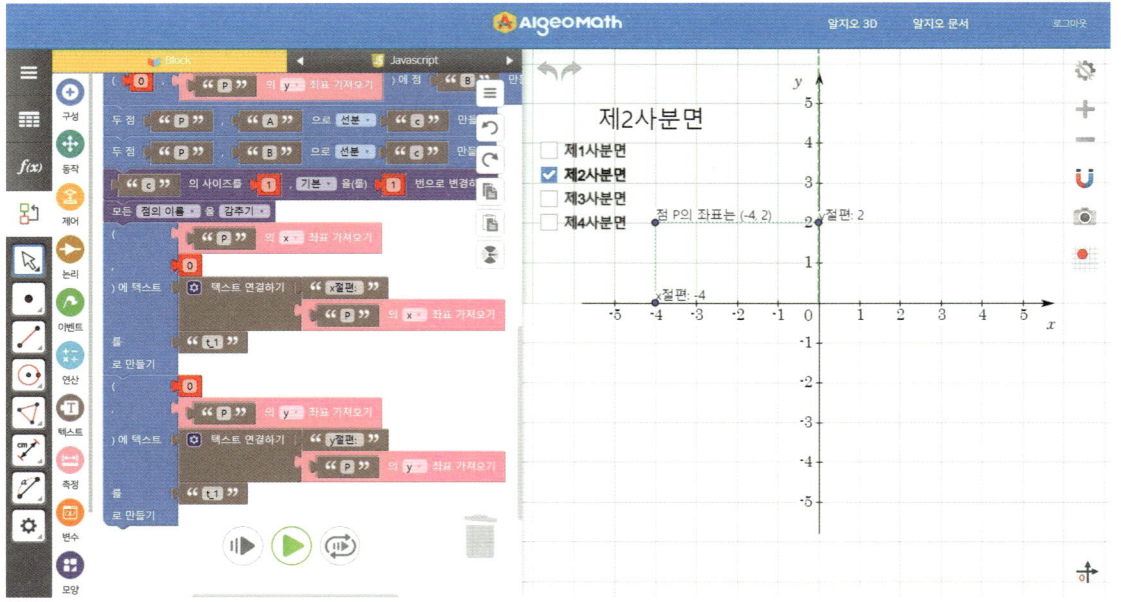

변화와 관계 | 좌표평면과 그래프
me2.do/GG85Kasn

2. 실생활 그래프 그리기

활동 의도

중학교 1학년 과정에서는 일차함수, 이차함수 그래프를 배우기 전에 실생활에서의 두 변수 사이의 관계를 좌표평면 위에 나타내는 활동을 먼저 하게 됩니다. 따라서 중학교 1학년 수준에서의 그래프는 좌표를 정확히 찍는 것보다 변수 사이의 변화 관계를 직관적으로 나타내는 것이 더 중요합니다. 본 활동에서는 알지오매스의 그리기 도구(✏️)를 이용하여 다양한 실생활 상황을 그래프로 나타내 보고자 합니다.

교육과정 분석

학년	1학년	영역	변화와 관계
성취기준	[9수02-06] 다양한 상황을 그래프로 나타내고, 주어진 그래프를 해석할 수 있다.		
성취기준 적용 시 고려 사항	✔ 다양한 상황을 일상 언어, 표, 그래프, 식으로 나타내고 이들 사이의 상호 변환 활동을 하게 한다.		
단원의 지도목표	✔ 그래프의 뜻을 알고 다양한 상황을 그래프로 나타낼 수 있게 한다. ✔ 주어진 그래프를 해석할 수 있게 한다.		
단원의 지도상의 유의점	✔ 그래프는 증가와 감소, 주기적 변화 등을 쉽게 파악할 수 있게 해준다는 점을 인식하게 한다. ✔ 다양한 상황을 일상 언어, 표, 그래프, 식으로 나타내고 이들 사이의 상호 변환 활동을 하게 한다. ✔ 그래프를 그리고 여러 가지 성질을 탐구할 때 공학적 도구를 이용할 수 있다.		
관련 선행개념	규칙과 대응, 비례식, 수직선, 대입		
성취수준	수준	성취 수준	
	하	간단한 그래프를 해석할 수 있다.	
	중	표를 그래프로 나타낼 수 있고, 그래프를 해석할 수 있다.	
	상	다양한 상황을 그래프로 나타낼 수 있고, 그래프를 해석할 수 있다.	

활동하기

이 활동에서 필요한 알지오매스 도구

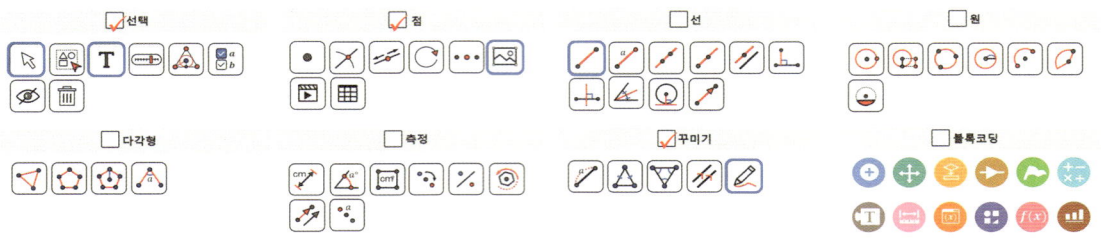

실생활 그래프 그리기 활동에서는 알지오매스 도구가 많이 사용되지 않습니다. 화면 좌측 하단에 있는 도형 도구 편집(⚙)을 선택한 후 다음과 같이 기하도구를 체크합니다.

그림 넣기(🖼)는 문제를 그림으로 삽입하는 데 필요합니다. 그리기(✏)는 좌표평면에 그래프를 그릴 때 사용됩니다.

환경설정(⚙)에서 그리드(▦)의 설정을 변경합니다. '그리드 보기 설정'에서 '대격자, 소격자, 단위 표시, x,y 표시'를 체크해제(▣)합니다. 'x, y축 범위 설정'을 켜고(⬤), '$-x$축', '$-y$축'의 값은 0으로, '$+x$축', '$+y$축'의 값은 나타내고자 하는 상황에 맞게 설정합니다.

여기에서는 물병에 일정한 속도로 물을 채울 때 물의 높이가 시간에 따라 어떻게 변하는지를 그래프로 나타내 보고자 합니다. 이는 물병의 모양에 따라 달라집니다. 먼저 선택 메뉴(▣)에서 텍스트(T)를 이용하여 가로축과 세로축에 변수명을 적습니다.

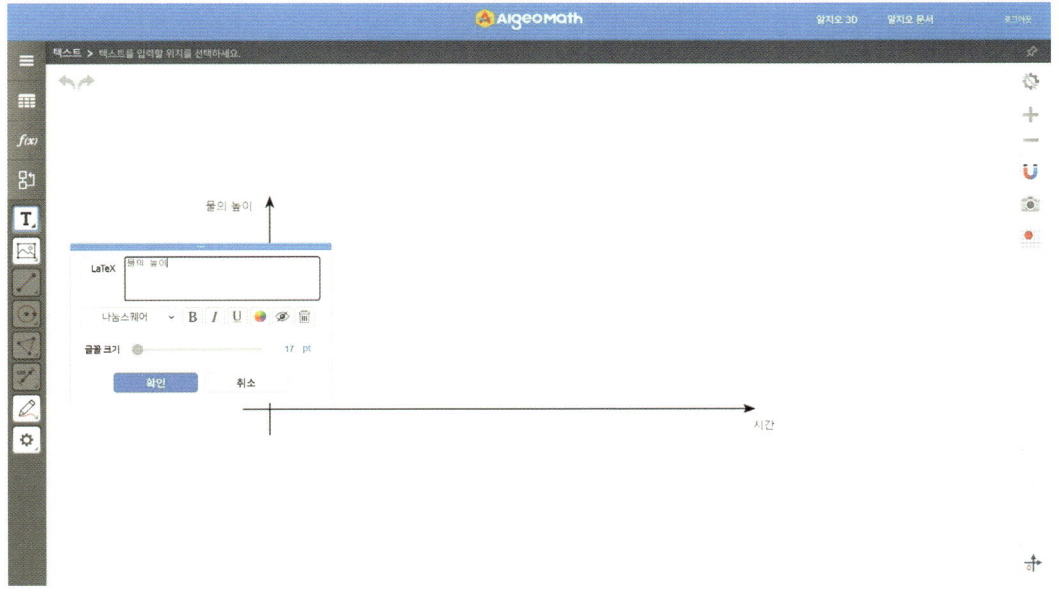

2. 실생활 그래프 그리기

점 메뉴(•)에서 그림 넣기(🖼)를 이용하여 물병을 그림(활동에 사용한 이미지 다운: han.gl/bQ1tY)으로 삽입하면 그래프 그리기 활동을 더 수월하게 진행할 수 있습니다. 그림을 삽입한 후 그림을 선택하여 '원본 비율 유지'를 선택하면 그림의 가로, 세로 비율을 일정하게 유지할 수 있습니다.

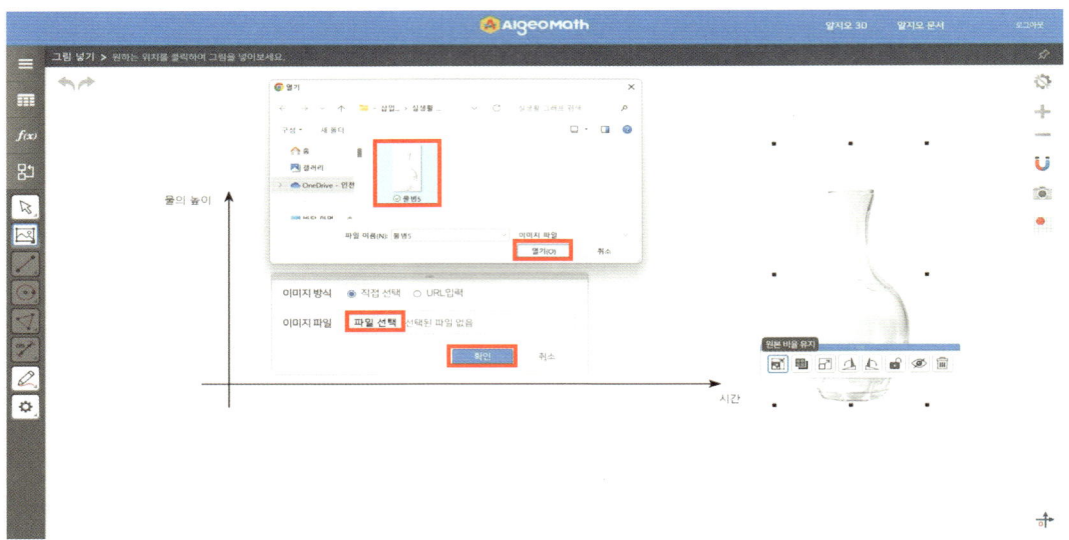

학생들에게 콘텐츠를 링크 주소로 공유하기 위해서는 먼저 '내문서'에 저장해야 합니다. 메뉴(≡)에서 저장(💾)을 선택합니다. '내문서 저장'을 선택하고, 파일 이름과 저장위치, 학교급, 학년을 선택합니다. 공개 설정을 '공개'로 하여 저장합니다.

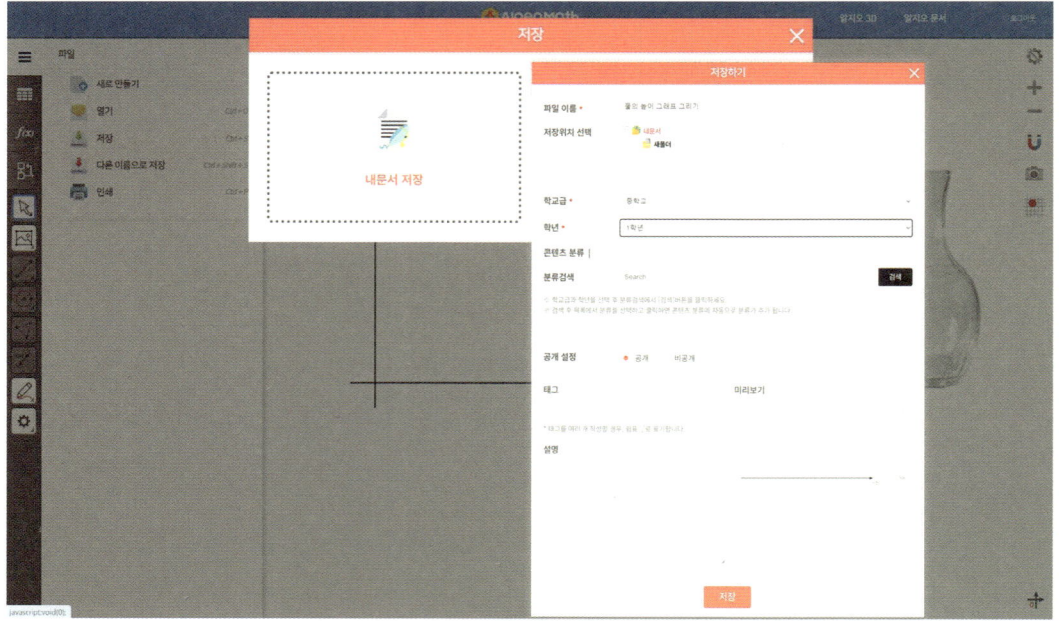

url 주소는 콘텐츠 상단에 있는 url 주소를 그대로 복사하여 학생들에게 안내해도 됩니다.

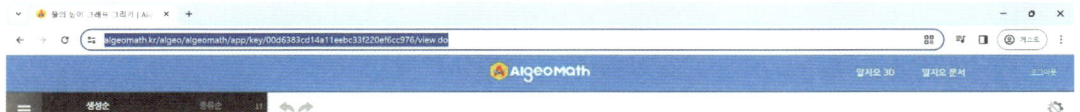

짧은 url 주소를 공유하기 위해서는 '마이페이지'에서 해당 콘텐츠 '공유하기'를 선택한 후 url 주소를 복사하여 학생들에게 안내하면 됩니다.

학생들은 꾸미기 메뉴(✏)에서 그리기(✏)를 활용하여 그래프를 그립니다.

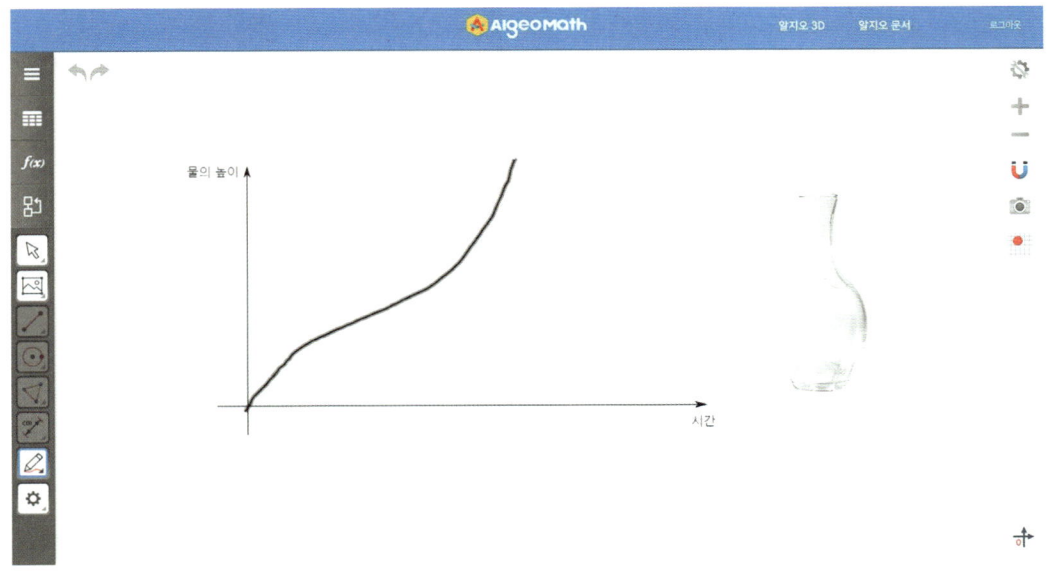

학생들이 마우스나 터치패드로 그래프를 그리는 과정에서 사용이 익숙치 않아 어려워하는 경우가 많습니다. 그래서 노트북의 터치패드로 그래프를 그릴 때의 팁을 간단히 소개하고자 합니다. 터치패드로 그래프를 쉽게 그리기 위해서는 양손의 검지를 모두 이용해야 합니다. 오른손잡이 기준으로 왼손 검지로 터치패드 왼쪽 버튼을 누릅니다. 이 상태에서 오른손 검지로 터치패드를 그래프 모양으로 터치하여 그립니다. 이 방법의 장점은 오른손 검지가 터치패드 영역을 벗어날 때 손가락을 터치패드에서 뗐다 다시 이어 그릴 수 있다는 것입니다. 이 방법을 사용하면 마우스를 이용할 때보다 훨씬 편하게 그래프를 그릴 수 있습니다.

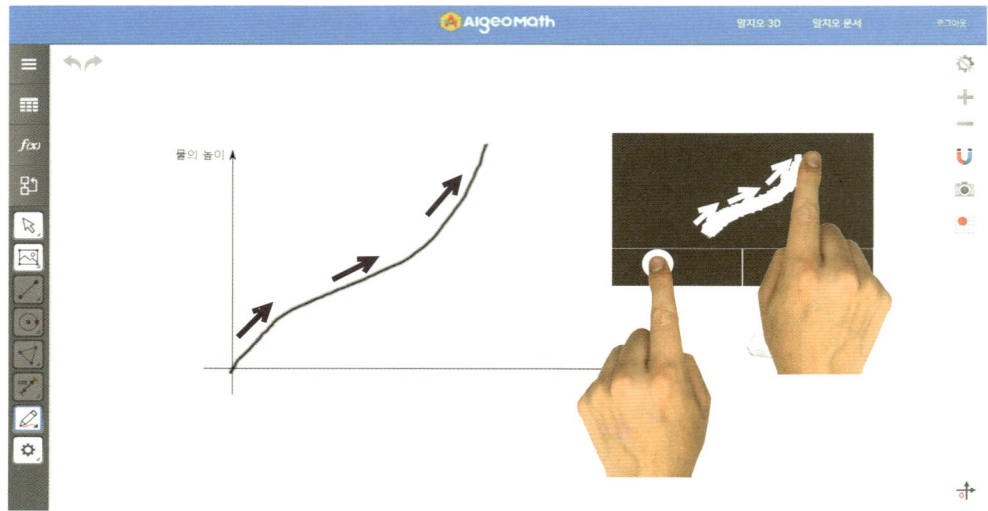

완성된 그래프는 우측 스크린샷( )을 이용하여 캡쳐 영역을 설정하고 이미지 파일(.PNG)로 다운받아 제출하게 합니다.

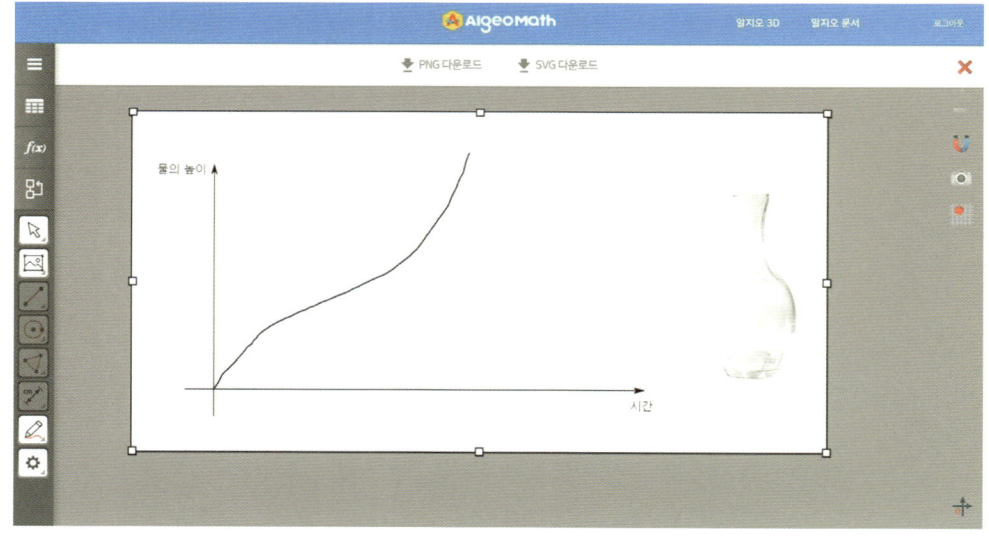

도형과 측정 기본 도형

3. 점, 선의 자취로 그림 그리기

me2.do/xPv3SURS

활동 의도

도형의 기본 요소인 점, 선, 면은 미술 작품을 나타내는 매우 중요한 요소입니다. 점이 움직인 자리는 선이 되고, 선이 움직인 자리는 면이 됩니다. 또한, 선과 선이 만나서 교점이 생기고, 면과 면이 만나서 교선이 생깁니다. 본 활동에서는 알지오매스의 점의 자취, 선의 자취를 이용하여 하나의 미술 작품을 완성하는 과정을 통해 점, 선, 면이 도형의 기본 요소임을 이해할 수 있게 하고자 합니다.

교육과정 분석

학년	1학년	영역		도형과 측정
성취기준	[9수03-01] 점, 선, 면, 각을 이해하고, 실생활 상황과 연결하여 점, 직선, 평면의 위치 관계를 설명할 수 있다.			
성취기준 적용 시 고려 사항	✔ 다양한 교구나 공학 도구를 이용하여 도형을 그리거나 만들어 보는 활동을 통해 도형의 성질을 추론하고 토론할 수 있게 한다.			
단원의 지도목표	✔ 평면도형과 입체도형은 점, 선, 면으로 이루어져 있음을 이해하게 한다.			
단원의 지도상의 유의점	✔ 점, 선, 면, 각과 관련된 용어는 다양한 상황에서 직관적으로 이해하게 한다.			
관련 선행개념	선분, 반직선, 직선, 각, 직각, 예각, 둔각, 수직, 평행			
성취수준	수준	성취 수준		
	하	교점, 교선, 직선, 반직선, 선분의 뜻을 알고, 직선, 반직선, 선분을 기호로 나타낼 수 있다.		
	중	점, 선, 면이 도형의 기본 요소임을 이해하고 입체도형에서 교점과 교선의 개수를 구할 수 있다.		
	상	서로 다른 직선, 반직선, 선분을 구분할 수 있고, 선분의 중점의 성질을 문제에 이용할 수 있다.		

활동하기

이 활동에서 필요한 알지오매스 도구

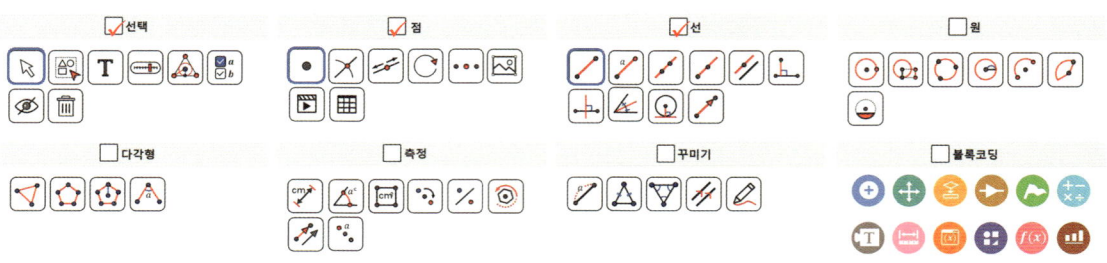

환경설정(⚙)_그리드(▦)에서 그리드 보기 설정을 해제하고, 스냅(U)에서 '스냅끄기'를 합니다.

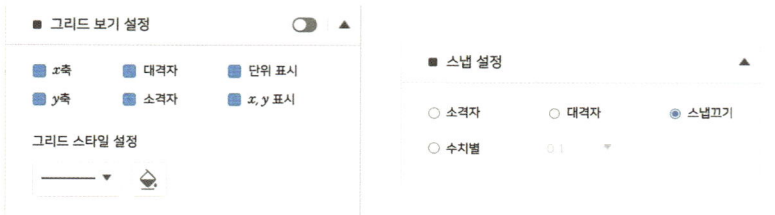

점 메뉴(•)에서 점(•)을 선택하고 기하창에 삽입합니다. 그리고 선 메뉴(╱)에서 선분(╱)을 선택하고, 기하창에 삽입합니다. ESC를 눌러 선분(점) 도구를 해제하고, 점과 선분을 각각 선택하여 '자취'를 활성화합니다.

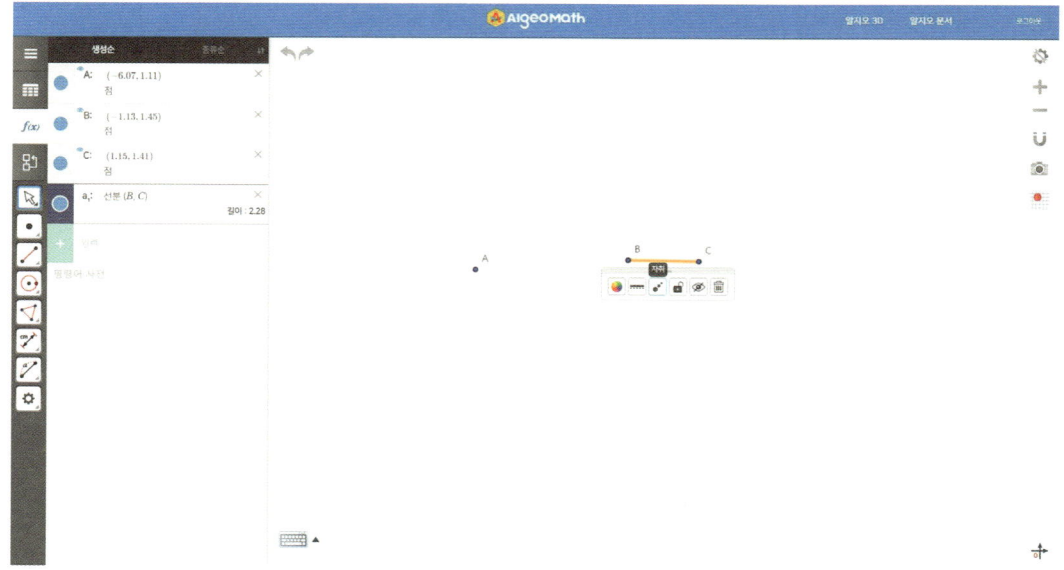

마우스로 '점'과 '선분'을 드래그하면 점이 움직인 자취는 선이 되고, 선이 움직인 자취는 면이 됩니다.

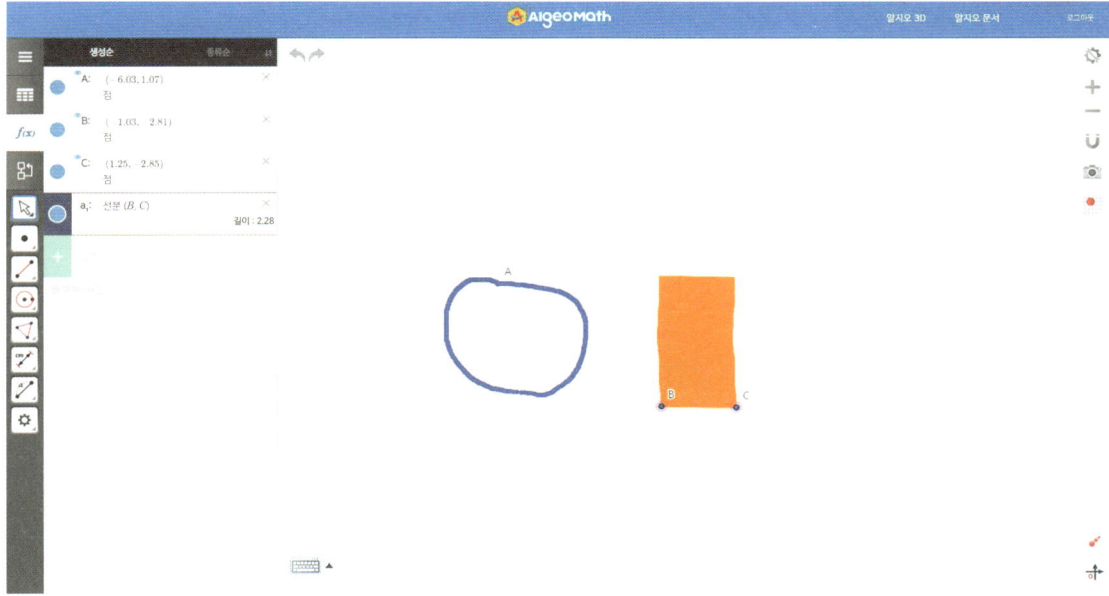

'선분'의 경우 선분의 한 끝점만 드래그, 선분 전체를 드래그, 선분의 길이를 달리 하면서 드래그하는 등 다양하게 면의 모양을 만들어 볼 수 있습니다. 선분(점)의 색을 변경하면 자취의 색도 함께 변경됩니다. 다양한 모양과 다양한 색상의 작품을 완성해 보세요.

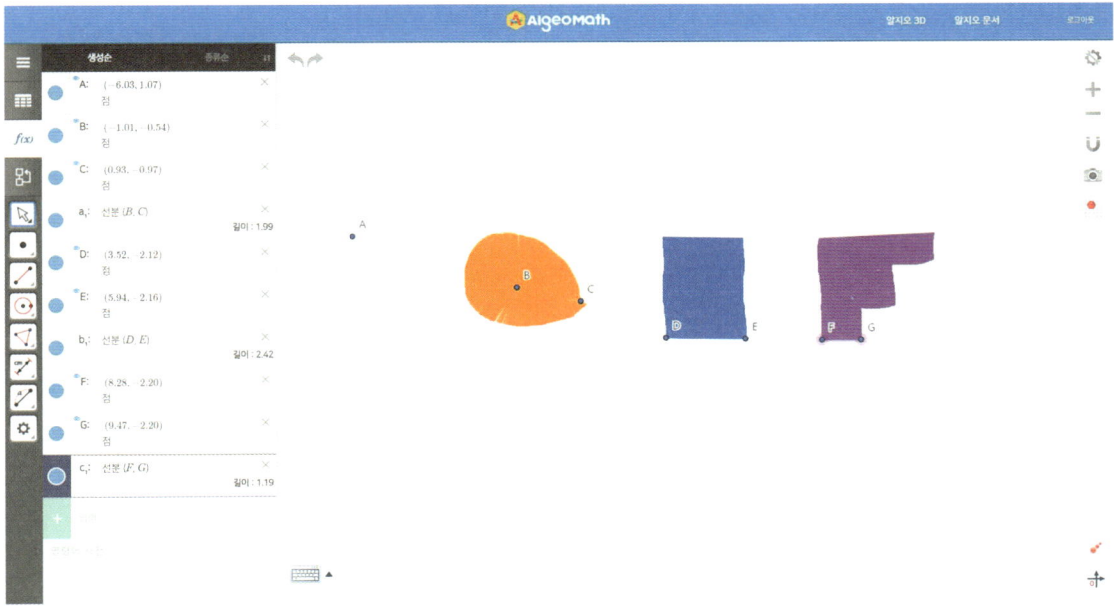

또한 자취를 '껐다', '켰다' 번갈아 하면서 끊어진 선 또는 끊어진 면을 나타낼 수도 있습니다.

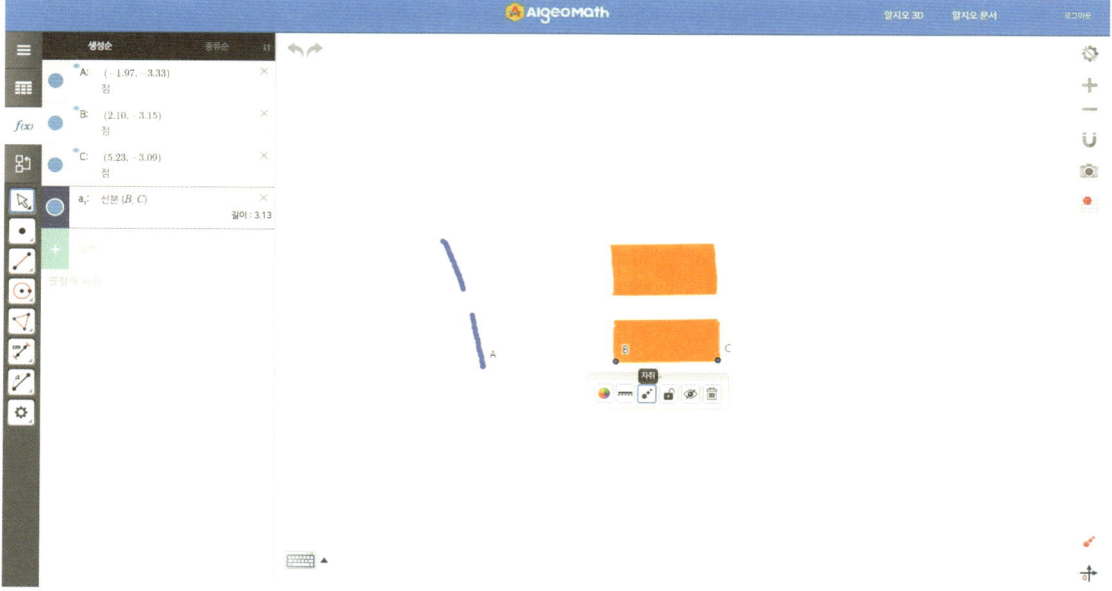

 점과 선의 자취를 이용하여 다양한 그림을 그려보세요. 패들렛 등에 학생이 만든 작품을 전시하고 상호 평가할 수 있습니다.

도형과 측정 | 작도와 합동

me2.do/xBsBuzSL

4. 알지오매스를 활용한 작도하기

활동 의도

작도는 눈금 없는 자와 컴퍼스를 이용하는 활동입니다. 작도 활동에서 겪는 문제점으로 작도 도구(눈금 없는 자, 컴퍼스)의 준비 및 관리의 어려움, 컴퍼스의 경우 날카로워 다칠 염려가 있다는 점을 많이 꼽지만, 사실 가장 큰 단점은 시간이 오래 걸리고, 오차가 많이 발생하여 작도 결과가 제대로 나타나지 않는다는 것입니다. 알지오매스와 같은 공학도구는 이러한 단점을 모두 해결할 수 있는 훌륭한 대안이 될 수 있습니다. 본 활동에서는 알지오매스를 활용하여 작도 활동을 효과적으로 진행할 수 있는 방법에 대해 소개하고자 합니다.

교육과정 분석

학년	1학년	영역		도형과 측정
성취기준	[9수03-03] 삼각형을 작도하고, 그 과정을 설명할 수 있다.			
단원의 지도목표	✔ 삼각형을 작도할 수 있게 한다.			
단원의 지도상의 유의점	✔ 주어진 삼각형과 합동인 삼각형을 작도하는 활동을 하고, 자신의 방법을 설명하게 한다.			
관련 선행개념	선분, 반직선, 직선, 각, 직각, 예각, 둔각, 수직, 평행			
성취수준	수준	성취 수준		
	하	작도의 뜻을 알고, 간단한 도형을 작도할 수 있다.		
	중	작도의 뜻을 이해하고, 길이가 같은 선분, 크기가 같은 각을 작도하는 과정을 이해한다.		
	상	작도의 뜻을 이해하고, 간단한 도형의 작도를 할 수 있으며, 작도의 과정을 논리적으로 설명할 수 있다.		

활동하기

이 활동에서 필요한 알지오매스 도구

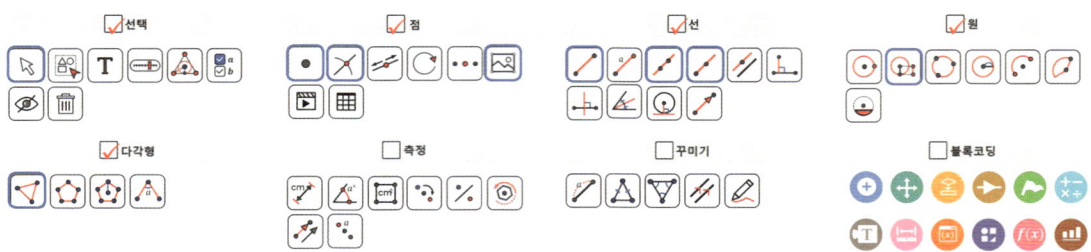

작도는 눈금 없는 자와 컴퍼스를 활용하여 그림을 그리는 활동입니다. 그러나 이는 도구의 제약이 매우 큰 그림 그리기 활동으로 알지오매스와 같이 강력한 도구가 가득한 기하 프로그램과는 언뜻 생각하면 맞지 않아 보이기도 합니다. 하지만 알고 보면 알지오매스는 작도에도 매우 유용한 도구입니다. 알지오매스를 활용한 작도에서 가장 중요한 것은 알지오매스의 기하 도구를 제한하는 것입니다. 먼저 화면 좌측 하단에 있는 도형 도구 편집(⚙)을 선택한 후 다음과 같이 기하도구를 체크합니다.

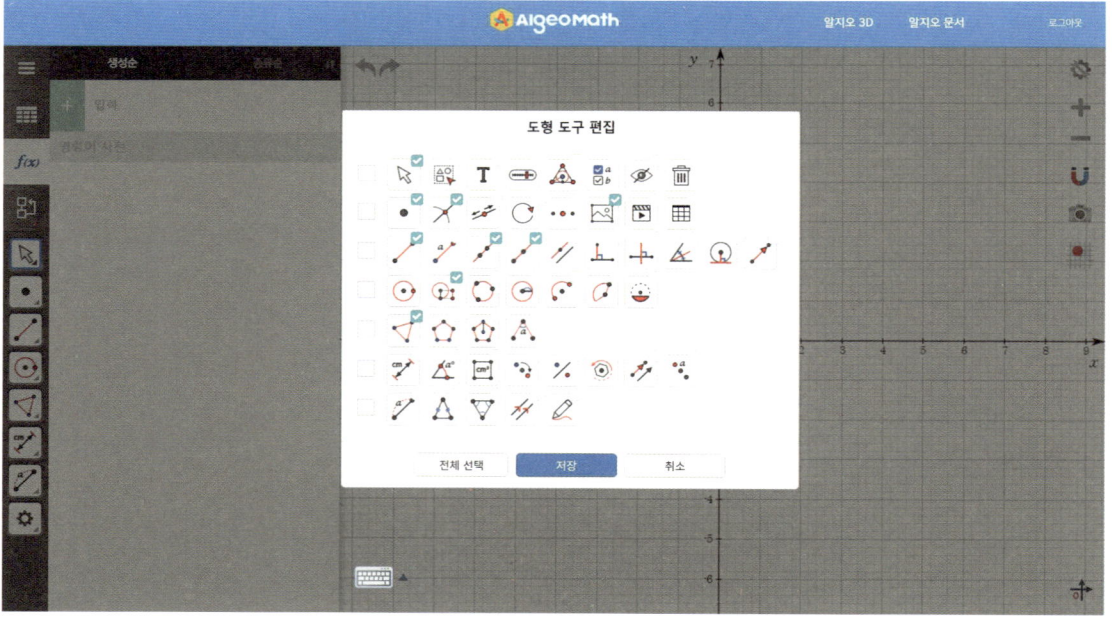

⦁, ✕는 점을 나타내기 위함이고, 🖼는 작도 문제를 이미지 형태로 알지오매스에 삽입하기 위함입니다. ╱, ╱, ╱, ╱는 선을 나타내기 위함(눈금 없는 자 역할)이고, ⟲는 거리를 재서 옮기기 위함입니다.

이제 기하창을 깔끔한 흰 배경으로 바꾸겠습니다. 우측 상단에 있는 환경설정(⚙)_그리드(▦)에서 그리드 보기 설정을 해제합니다. 그리고 스냅 설정(U)에서 '스냅끄기'를 설정합니다. '스냅끄기'를 하는 이유는 그림으로 삽입된 작도 문제의 도형 위에 정확히 점을 찍기 위함입니다.

알지오매스는 기본적으로 점과 선의 색이 랜덤으로 나타납니다. 작도 과정에서 점과 선이 알록달록 나타나는 것은 너무 조잡해 보일 수 있어서 점과 선의 색상을 미리 설정해 두는 것이 좋습니다. 환경설정(⚙)_2D(A)에서 다음과 같이 '점색: 검정(■), 선색: 검정(■)'으로 설정합니다.

점 메뉴(•)에서 그림 넣기(🖼)을 선택하고, '파일 선택(파일 선택)'을 선택합니다. 탐색기 창이 열리면 삽입하고자 하는 그림을 선택 후 열기(O) 와 확인 를 순서대로 선택하면 기하창에 그림이 삽입됩니다. (문제에 사용된 이미지 파일 다운: han.gl/bh0ly)

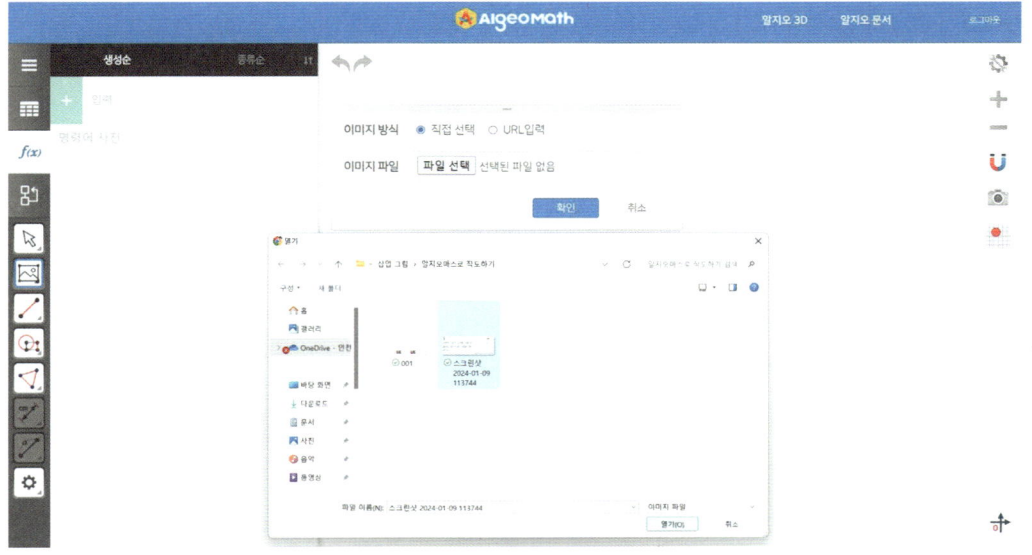

4. 알지오매스를 활용한 작도하기   31

선택 메뉴(⬚)에서 선택(⬚)을 선택한 후 그림을 선택하면 그림의 속성을 지정할 수 있는 메뉴가 팝업창 형태로 나타납니다. 이 중 원본 비율 유지 , 격자 밑으로 보내기 , 배율에 따르기 , 고정 을 선택합니다. 원본 비율 유지 은 그림의 가로와 세로의 비율을 일정하게 유지하기 위함입니다. 격자 밑으로 보내기 는 그리드 및 도형들이 그림 위에 표시되게 하기 위함입니다. 배율에 따르기 는 기하창을 확대 또는 축소했을 때 배율에 따라 그림도 확대 또는 축소되게 하기 위함입니다. 고정 은 그림의 위치가 바뀌지 않도록 하기 위함입니다.

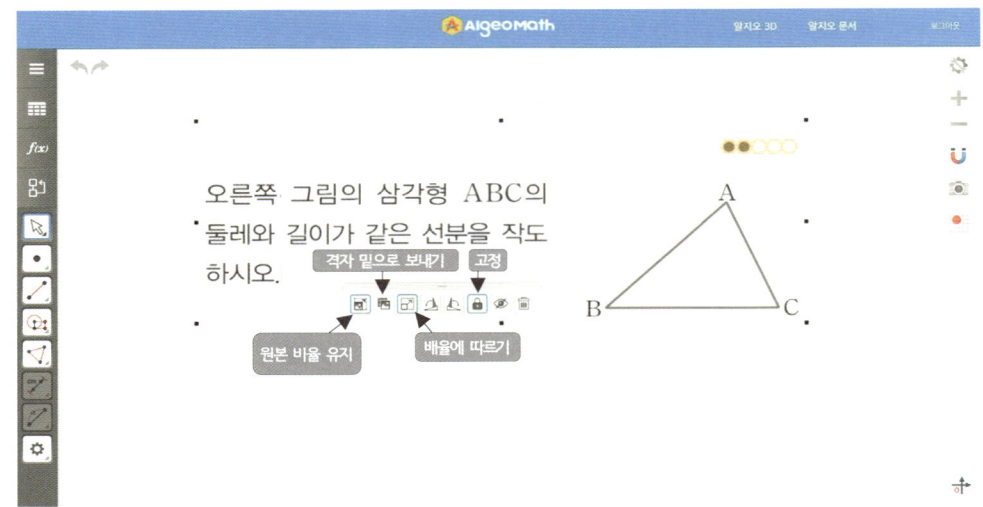

작도 문제가 준비되었습니다. 작도 문제를 공유 주소로 학생들에게 안내하고자 합니다. 이를 위해서는 콘텐츠를 먼저 '내문서'에 저장해야 합니다. 메뉴(⬚)에서 저장(⬚)을 선택합니다. '내문서 저장'을 선택하고, 파일 이름과 저장위치, 학교급, 학년을 선택합니다. 공개 설정을 '공개'로 하여 저장합니다.

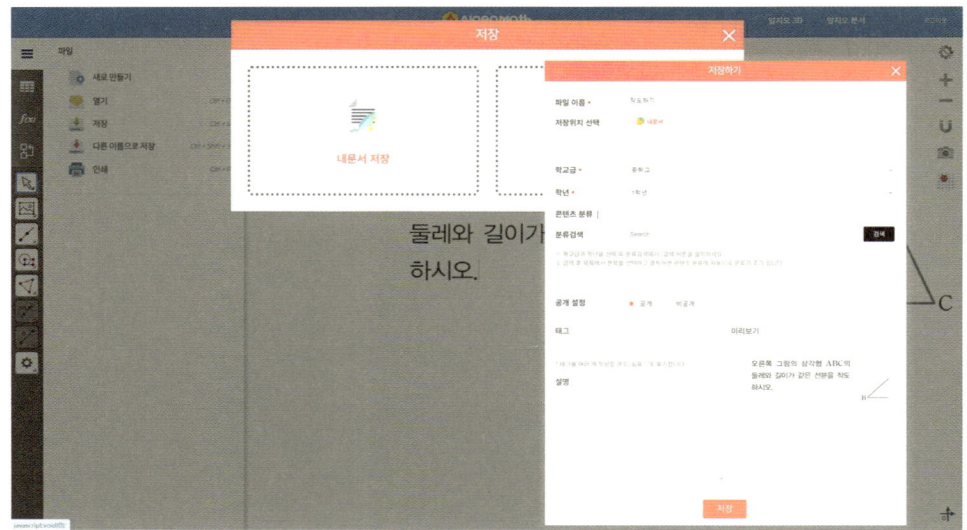

[마이페이지]-[나의 콘텐츠]에서 해당 콘텐츠를 찾은 후 공유하기를 선택합니다. 해당 url 주소를 복사하여 학생들에게 안내합니다.

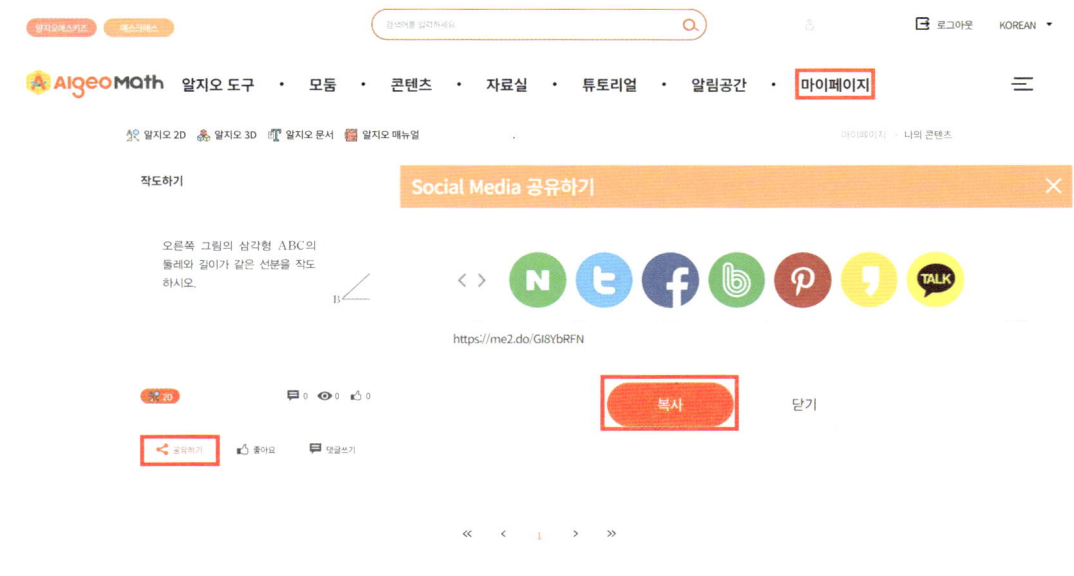

공유된 url 주소로 알지오매스를 실행하고, 작도 문제를 해결해 봅시다. 다각형 메뉴( )에서 다각형( )을 이용하여 그림의 삼각형 위에 동일한 삼각형 ABC를 나타냅니다. 그림과 동일하게 꼭짓점의 이름도 변경합니다.

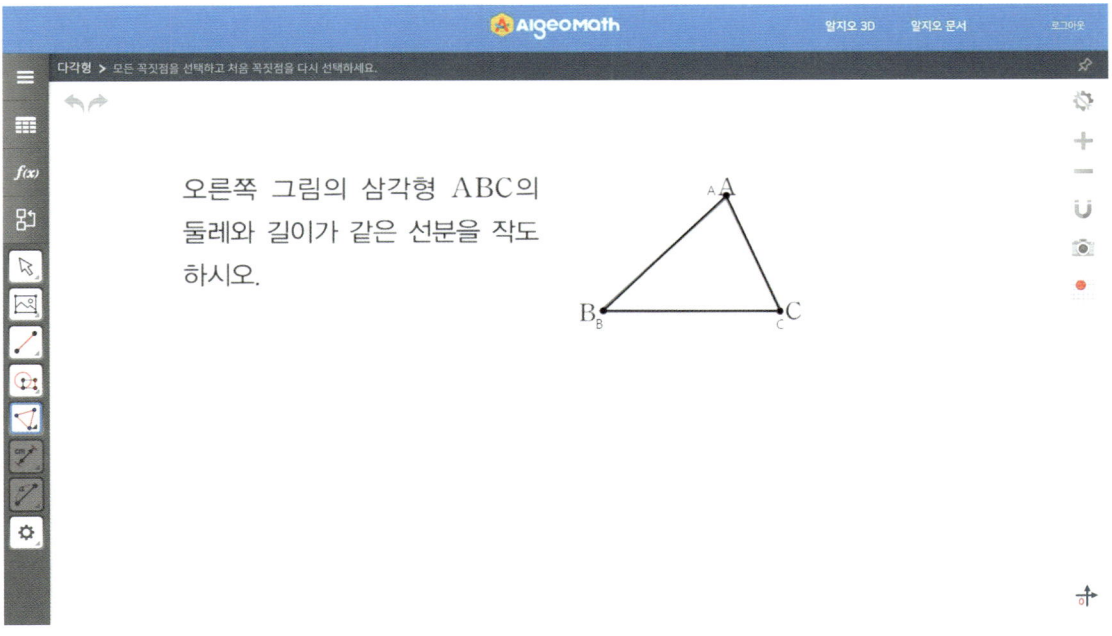

선분 메뉴(✎)에서 반직선(✎)을 이용하여 그림과 같이 반직선 DE를 나타냅니다. ESC를 누르고 점 E를 선택하여 '숨기기'를 선택합니다.

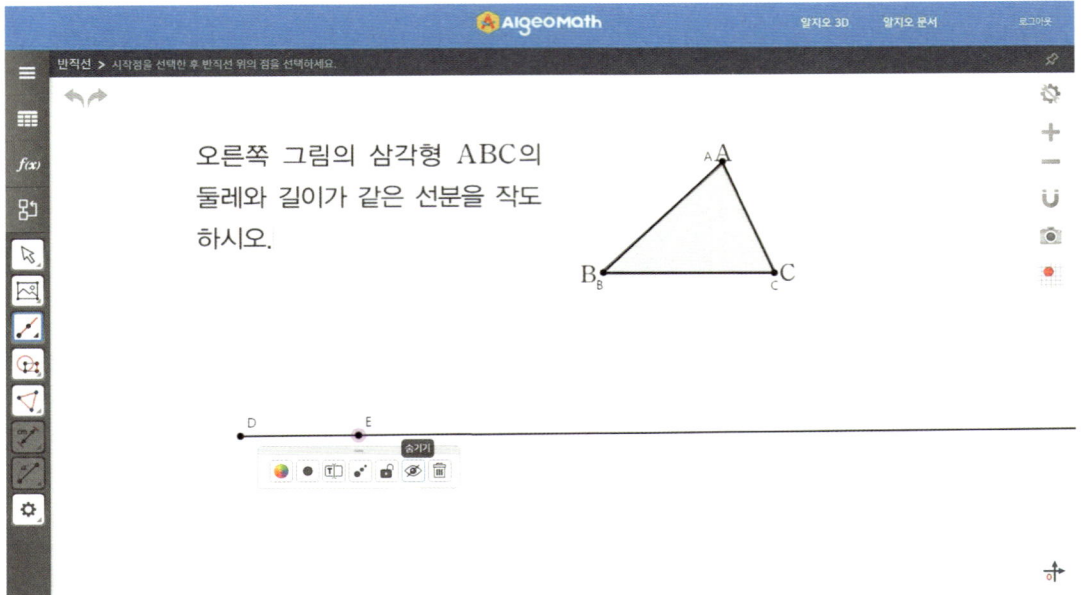

원 메뉴(◉)에서 컴퍼스(◉)를 이용하여 $\overline{AB}$를 선택한 후 점 D를 선택하면 점 D를 중심으로 반지름의 길이가 $\overline{AB}$인 원 f_1이 그려집니다. 점 메뉴(•)에서 교점(✗)을 이용하여 원 f_1과 반직선 DE를 차례로 선택하면 교점 B_1이 나타나고, $\overline{AB}=\overline{DB_1}$임을 확인할 수 있습니다.

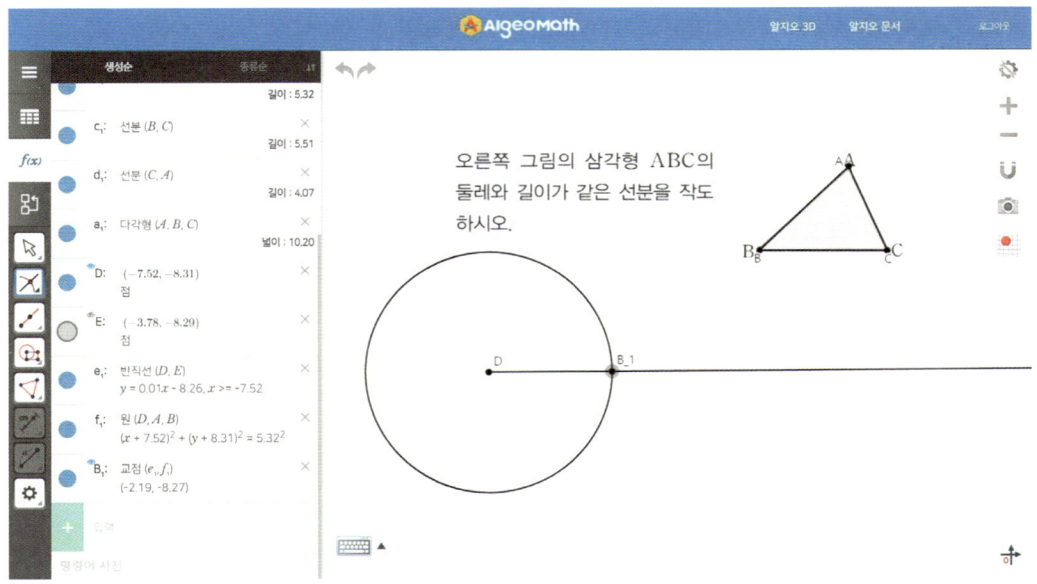

다시 컴퍼스(🧭)를 이용하여 $\overline{BC}$를 선택한 후 점 B_1를 선택하면 점 B_1를 중심으로 반지름의 길이가 $\overline{BC}$인 원 h_1이 그려집니다. 점 메뉴(•)에서 교점(✕)을 이용하여 원 h_1과 반직선 DE를 차례로 선택하면 교점 D_1이 나타나고, $\overline{BC} = \overline{B_1D_1}$임을 확인할 수 있습니다.

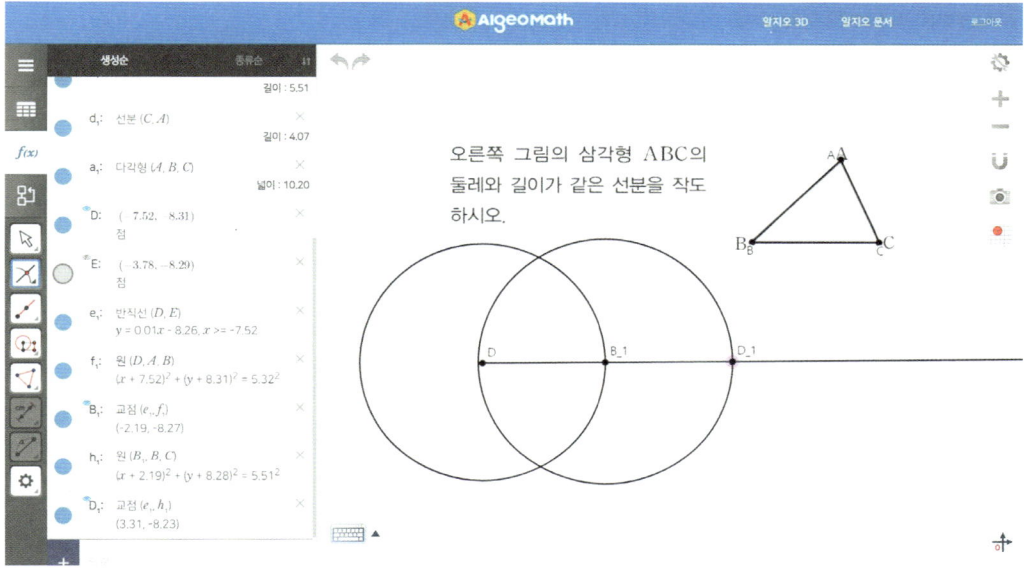

다시 컴퍼스(🧭)를 이용하여 $\overline{CA}$를 선택한 후 점 D_1를 선택하면 점 D_1를 중심으로 반지름의 길이가 $\overline{CA}$인 원 j_1이 그려집니다. 점 메뉴(•)에서 교점(✕)을 이용하여 원 j_1과 반직선 DE를 차례로 선택하면 교점 F_1이 나타나고, $\overline{CA} = \overline{D_1F_1}$임을 확인할 수 있습니다.

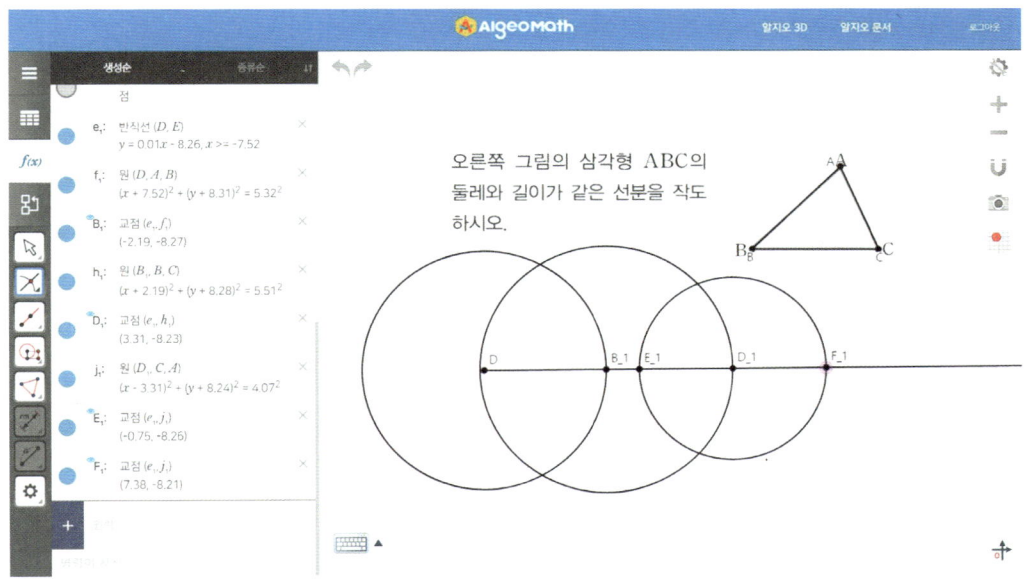

$\overline{AB}=\overline{DB_1}$, $\overline{BC}=\overline{B_1D_1}$, $\overline{CA}=\overline{D_1F_1}$ 이므로 $\overline{DF_1}$의 길이는 삼각형 ABC 둘레의 길이임을 확인할 수 있습니다.

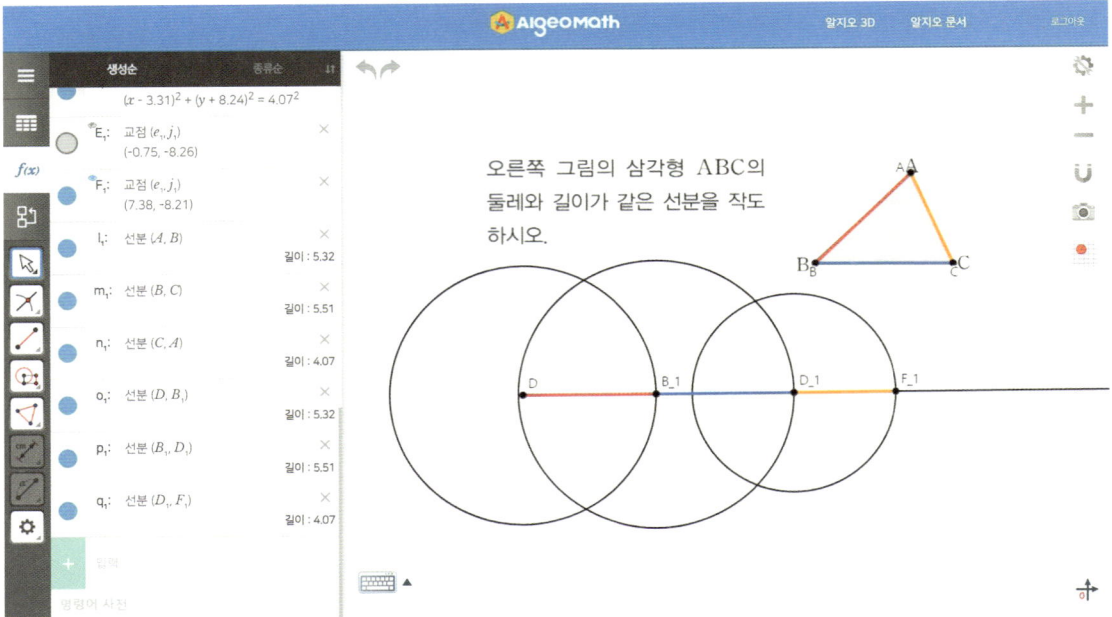

알지오매스 콘텐츠를 '내문서'에 저장하여 공유 주소로 학생들에게 안내하는 수업의 장점은 작도 문제를 바꿔 다시 안내할 때 같은 공유 주소를 계속 이용할 수 있다는 것입니다. 기하창에서 키보드의 'Ctrl+A'를 누른 후 'Delete'을 누르면 기하창에 있는 모든 개체가 삭제됩니다. 이때 새로운 작도 문제를 그림으로 삽입하고, '내문서'에 저장합니다. 학생은 새로고침(F5)을 누름으로써 바로 다음 작도 문제를 확인할 수 있습니다. 앞의 작도 문제는 스크린샷을 이용하여 작도 결과를 이미지 파일로 제출하고, 이어서 다음 작도 문제를 해결하면 연속적인 작도 수업이 가능합니다. 이런 방식의 작도 수업은 눈금 없는 자와 컴퍼스를 이용한 작도 수업에 비해 작도 시간이 훨씬 짧을 뿐만 아니라 작도의 원리에 바탕을 둔 정확한 작도를 가능하게 합니다. 알지오매스를 활용한 작도 수업은 많은 장점을 갖고 있습니다.

도형과 측정 평면도형의 성질

me2.do/G87HTicb

5. 블록코딩을 활용한 정다각형의 대각선 나타내기

활동 의도

다각형의 대각선의 개수는 n개의 꼭짓점에서 $n-3$개씩 대각선을 긋고, 중복된 대각선을 줄이는 과정($\div 2$)을 통해 구하게 됩니다. 대각선에 대해 탐구하는 가장 좋은 방법은 대각선을 직접 긋는 것입니다. 대각선이 없는 삼각형을 제외하고, 사각형, 오각형, 육각형과 같이 꼭짓점의 개수가 적은 다각형은 대각선을 쉽게 나타낼 수 있습니다. 하지만 십각형과 같이 꼭짓점의 개수가 많은 다각형은 그리는 것조차 쉬운 일이 아닙니다. 본 활동에서는 블록코딩을 통해 정다각형의 대각선을 나타냄으로써 대각선의 개수 구하는 공식의 원리를 이해하고, 대각선의 아름다움을 느끼게 하고자 합니다.

교육과정 분석

학년	1학년	영역	도형과 측정
성취기준	[9수03-05] 다각형의 성질을 이해하고 설명할 수 있다.		
성취기준 적용 시 고려 사항	✔ 다각형과 다면체는 그 모양이 볼록인 경우만 다룬다. ✔ 다양한 교구나 공학 도구를 이용하여 도형을 그리거나 만들어 보는 활동을 통해 도형의 성질을 추론하고 토론할 수 있게 한다. ✔ 도형의 성질을 이해하고 정당화하는 방법은 관찰이나 실험을 통한 확인, 사례나 근거 제시를 통한 설명, 유사성에 근거한 추론, 증명 등이 있으며, 이를 학생 수준에 맞게 활용할 수 있다. ✔ 도형의 성질을 정당화하는 다양한 방법을 통해 체계적으로 사고하고 타인을 논리적으로 설득하는 태도를 갖게 한다.		
단원의 지도목표	✔ 다각형의 대각선의 개수를 구할 수 있게 한다.		
단원의 지도상의 유의점	✔ 도형의 성질을 이해하고 설명하는 활동은 관찰이나 실험을 통해 확인하기, 사례나 근거를 제시하며 설명하기, 유사성에 근거하여 추론하기, 연역적으로 논증하기 등과 같은 다양한 정당화 방법을 학생 수준에 맞게 활용할 수 있다. ✔ 공학적 도구나 다양한 교구를 이용하여 도형을 그리거나 만들어 보는 활동을 통해 도형의 성질을 추론하고 토론할 수 있게 한다. ✔ 다각형의 성질에서는 내각과 외각의 크기의 합, 대각선의 개수를 다룬다.		
관련 선행개념	다각형, 정다각형, 다각형의 대각선		

성취수준	수준	성취 수준
	하	다각형의 한 꼭짓점에서 그을 수 있는 대각선의 개수를 구할 수 있다.
	중	주어진 다각형의 대각선의 개수를 구할 수 있다.
	상	다각형의 개수를 식으로 나타내고, 그 과정을 설명할 수 있다.

활동하기

이 활동에서 필요한 알지오매스 도구

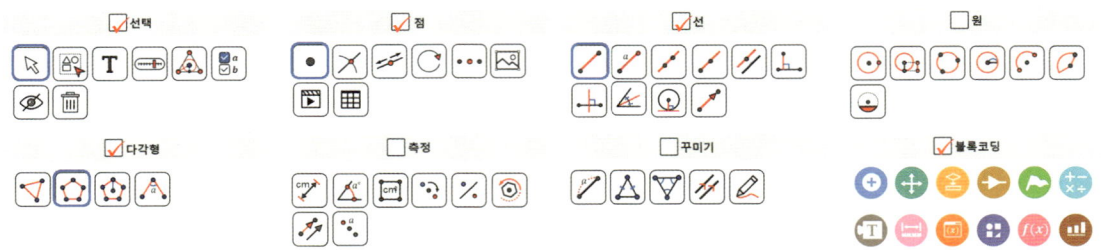

우측 상단에 있는 환경설정(⚙)_그리드(▦)에서 그리드 보기 설정을 해제합니다.

다음으로 환경설정(⚙)_2D(🎨)에서 다음과 같이 '점색: 검정(■), 선색: 검정(■)'으로 설정합니다.

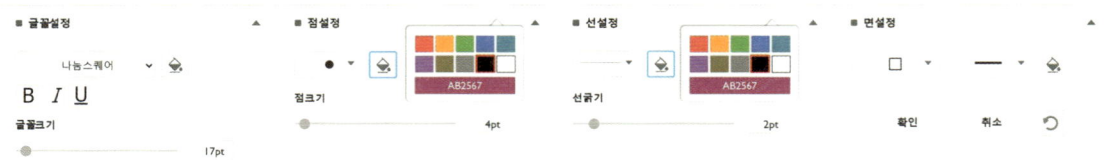

먼저 변수블록(🔴)에서 [변수 만들기]을 이용하여 변수 n, j를 생성합니다. 다음으로 [i를 2로 정하기] 와 텍스트블록(🔤)의 [메시지를 활용해 수 입력] [입력하세요] 을 활용하여 정n각형 n의 값을 설정하는 블록을 다음과 같이 생성합니다.

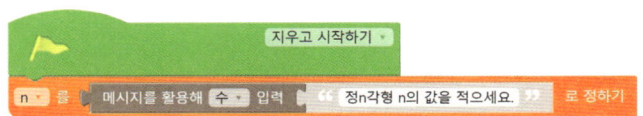

이제 변수 n에 대하여 정n각형을 나타내 보겠습니다. 블록코딩으로 대각선을 나타내기 위해서는 정n각형을 나타낼 때 약간의 요령이 필요합니다. 정n각형의 시작하는 점을 A_1으로 하여 시계 반대방향으로 정n각형의 꼭짓점 A_1, A_2, $\cdots$, A_n을 나타내고, $A_1 = A_{n+1}$, $A_2 = A_{n+2}$와 같이 $A_i = A_{n+i}$ ($i = 1, 2, \cdots, n$)이 되도록 꼭짓점 A_{n+1}, A_{n+2}, $\cdots$, A_{2n}을 나타냅니다. 예를 들어 정오각형의 경우 꼭짓점 A_1, A_2, $\cdots$, A_5를 먼저 나타내고, 같은 점 A_6, A_7, $\cdots$, A_{10}를 한 번 더 나타냅니다.

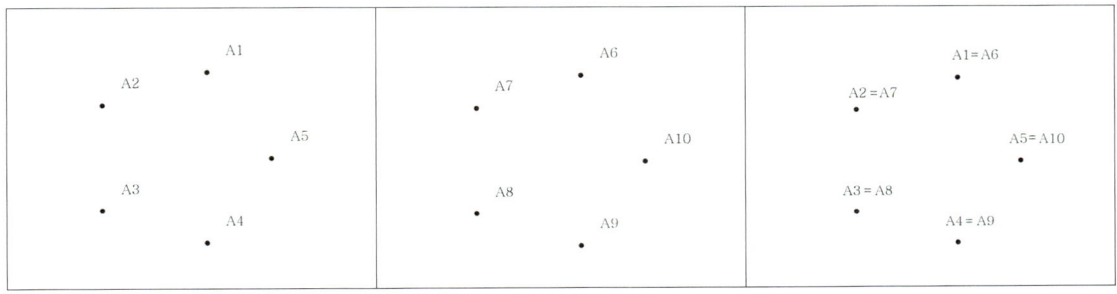

이제부터 블록코딩을 활용하여 정n각형을 나타내 보겠습니다. 정n각형을 나타내기 위해서는 sin, cos을 활용해야 합니다. 중학교 1학년 교육과정에 맞지 않는 개념이지만 정n각형의 꼭짓점을 규칙적으로 나타내기 위해 꼭 필요한 개념입니다. 학생들에게도 이러한 부분을 충분히 설명하면서 정n각형을 그리기 위한 도구로 개념에 대한 깊은 설명을 배제하고 간단히 활용합니다. 예를 들어 정오각형을 나타내 보겠습니다. 정오각형의 점을 나타낼 때는 제어블록(🔁)의 ▢ 과 구성블록(➕)의 ▢, 연산블록(➗)의 ▢, ▢, 텍스트 블록(🆃)의 ▢ 을 사용합니다. 꼭짓점 $A_i = A_{n+i}$ ($i = 1, 2, \cdots, n$)의 좌표는 $\left(\cos\dfrac{360°}{n} \times i,\ \sin\dfrac{360°}{n} \times i\right)$와 같이 설정해야 합니다. 예를 들어 정오각형의 경우 다음과 같이 설정합니다.

$A_1(\cos72°, \sin72°)$, $A_2(\cos144°, \sin144°)$, $\cdots$, $A_5(\cos360°, \sin360°)$,

$A_6(\cos72°, \sin72°)$, $A_6(\cos144°, \sin144°)$, $\cdots$, $A_{10}(\cos360°, \sin360°)$

이를 블록코딩으로 나타내면 다음과 같습니다.

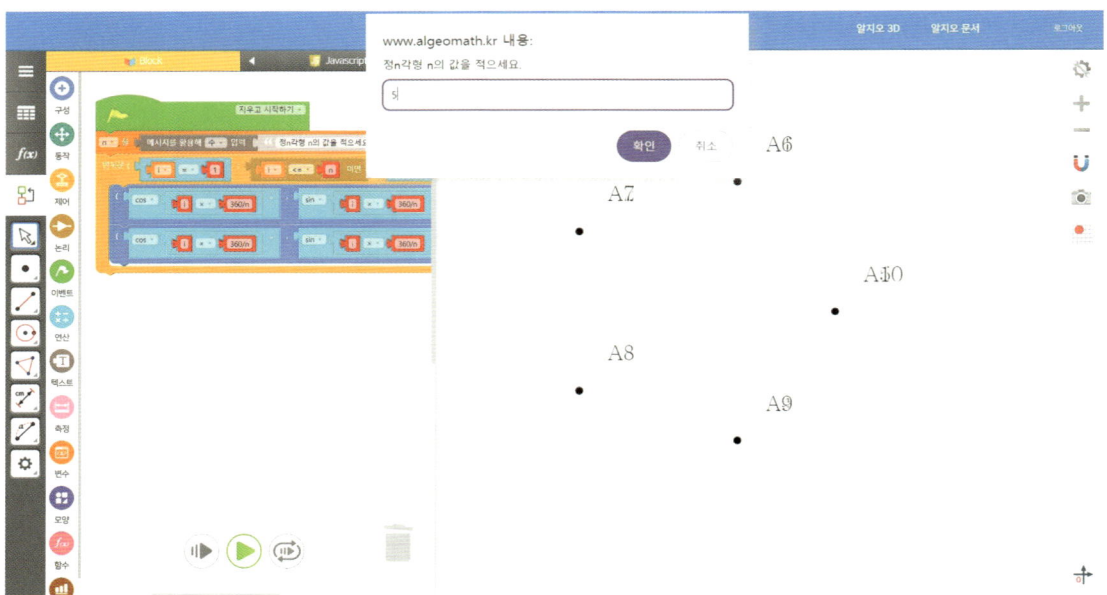

이제 이웃한 꼭짓점을 선분으로 연결하여 정다각형을 완성하겠습니다. 위에서 사용한 반복블록과 구성블록(●)의 두점 " A " , " B " 으로 선분 " C " 만들기 을 사용하여 다음과 같이 만들 수 있습니다.

마지막에는 모양블록(●)의 모든 점 을 감추기 을 이용하여 점의 이름을 감춥니다.

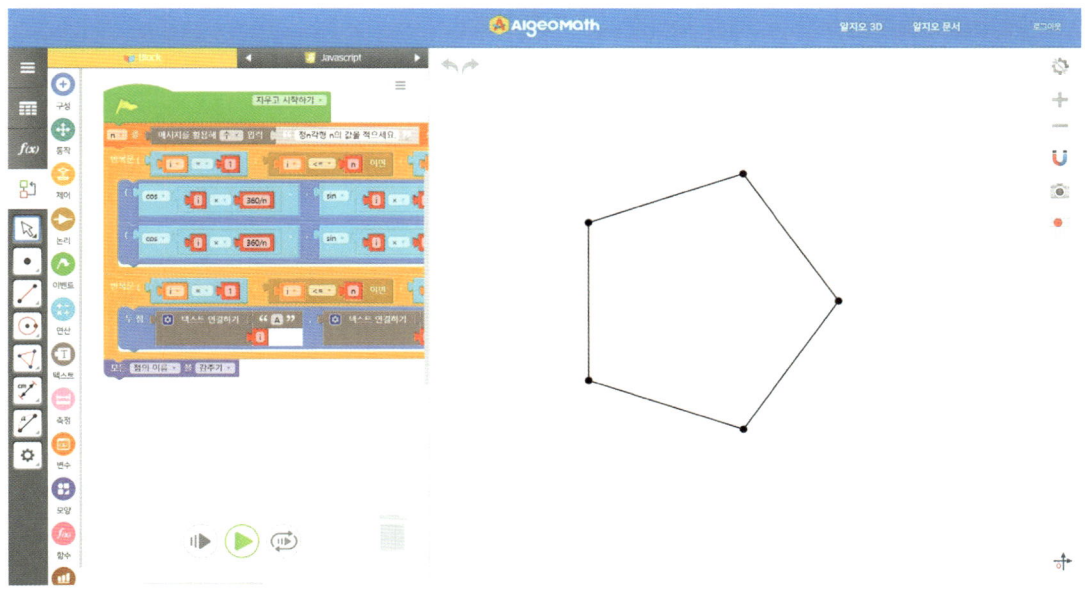

마지막으로 정n각형의 대각선을 나타내 보겠습니다. 구성블록(⊕)의

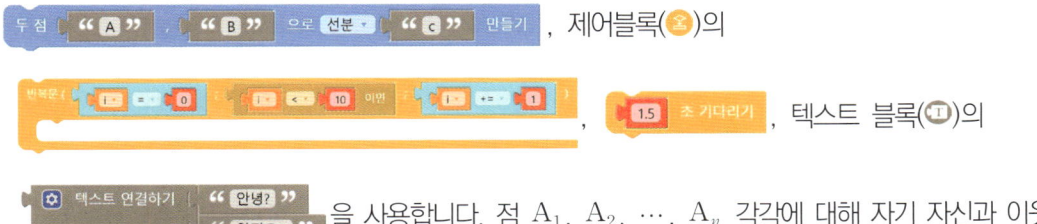

을 사용합니다. 점 A_1, A_2, $\cdots$, A_n 각각에 대해 자기 자신과 이웃한 두 꼭짓점을 제외한 점을 이어 선분으로 나타냅니다. 각 점 $A_i (i = 1, 2, \cdots, n)$에 대해 n개의 점 A_{i+1}, A_{i+2}, $\cdots$, A_{i+n}을 선분으로 잇는데, A_{i+n}은 자기 자신이고, A_{i+1}, A_{i+n-1}은 이웃한 두 점입니다. 따라서 점 A_i와 $n-3$개의 점 A_{i+2}, A_{i+3}, $\cdots$, A_{i+n-2}을 선분으로 이으면 됩니다. 대각선이 그려지는 과정을 단계적으로 확인하기 위해 반복블록에 ('0.1초 기다리기'로 설정)을 사용하여 대각선이 그려지는 시간 간격을 설정합니다.

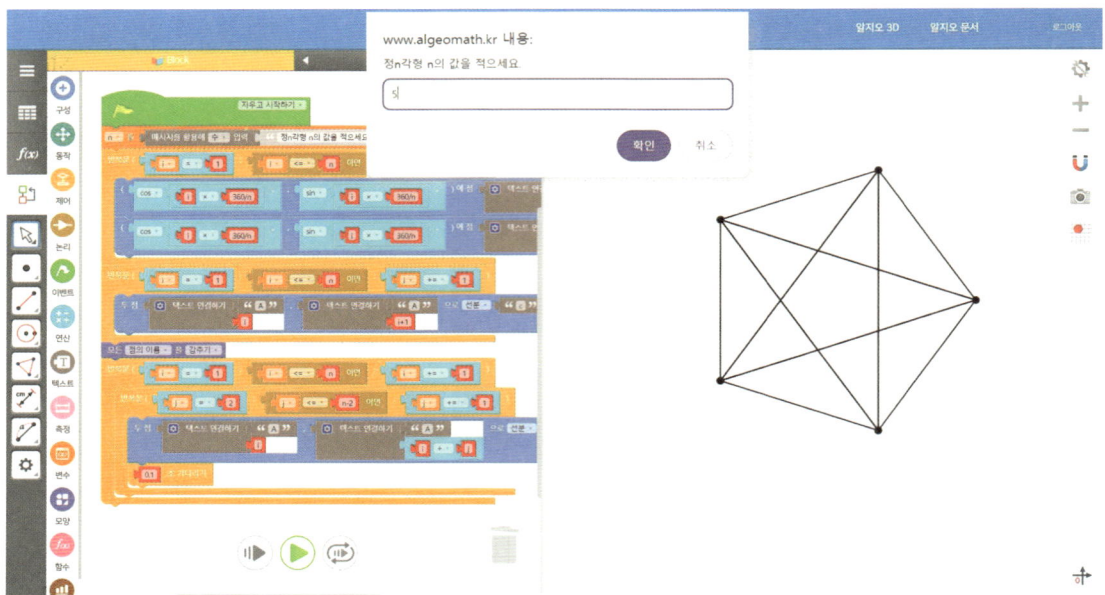

n의 값을 다양하게 변화시키면서 대각선을 나타냅니다. 대각선의 개수 구하는 활동도 함께하면 더욱 재미있는 활동을 할 수 있습니다.

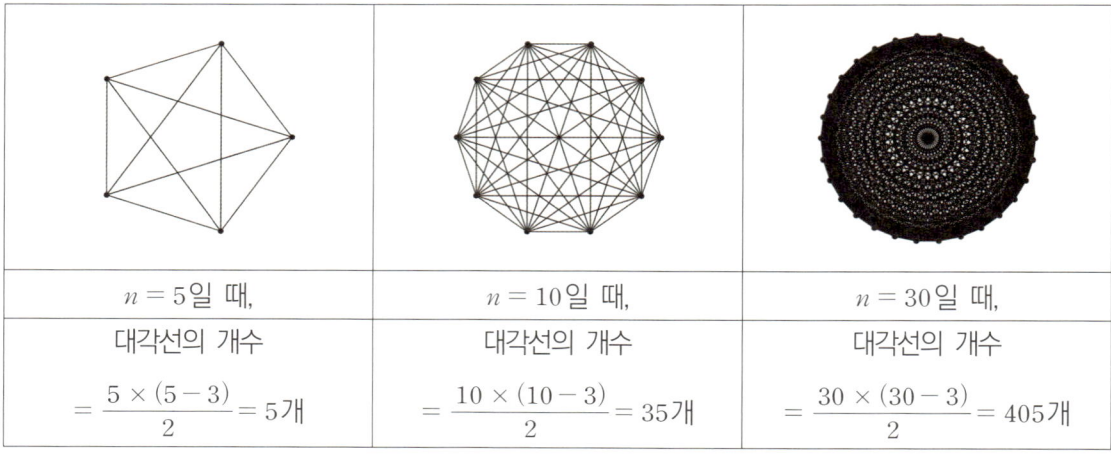

$n=5$일 때, 대각선의 개수 $=\dfrac{5\times(5-3)}{2}=5$개	$n=10$일 때, 대각선의 개수 $=\dfrac{10\times(10-3)}{2}=35$개	$n=30$일 때, 대각선의 개수 $=\dfrac{30\times(30-3)}{2}=405$개

 평면도형의 성질

6. 배율블록을 활용한 다각형 외각의 합 확인하기

활동 의도

다각형 외각의 크기의 합은 항상 360°입니다. 종이를 오리는 등의 활동으로 다각형 내각의 합을 확인하기도 하는데, 가장 직관적인 방법은 배율을 이용하는 것입니다. 드론으로 다각형 외각의 합을 확인했던 적이 있습니다. 운동장 한가운데에 커다란 오각형을 그리고, 외각을 나타내는 연장선을 운동장 끝까지 이어지도록 그렸습니다. 드론을 하늘 높이 띄워 운동장을 촬영하였을 때, 오각형 외각의 합이 360°라는 사실을 직관적으로 확인할 수 있었습니다.

하지만 드론으로 이를 확인하는 일은 쉽게 할 수 있는 일이 아닙니다. 알지오매스의 배율 블록을 이용하면 이러한 과정을 누구나 쉽게 구현할 수 있습니다. 이 활동에서는 알지오매스 블록코딩을 활용하여 다각형 외각의 합을 직관적으로 확인하는 과정을 소개합니다.

교육과정 분석

학년	1학년	영역	도형과 측정
성취기준	[9수03-05] 다각형의 성질을 이해하고 설명할 수 있다.		
성취기준 적용 시 고려 사항	✔ 다각형과 다면체는 그 모양이 볼록인 경우만 다룬다. ✔ 다양한 교구나 공학 도구를 이용하여 도형을 그리거나 만들어 보는 활동을 통해 도형의 성질을 추론하고 토론할 수 있게 한다. ✔ 도형의 성질을 이해하고 정당화하는 방법은 관찰이나 실험을 통한 확인, 사례나 근거 제시를 통한 설명, 유사성에 근거한 추론, 증명 등이 있으며, 이를 학생 수준에 맞게 활용할 수 있다.		

단원의 지도목표	✔ 도형의 성질을 정당화하는 다양한 방법을 통해 체계적으로 사고하고 타인을 논리적으로 설득하는 태도를 갖게 한다. ✔ 삼각형의 내각과 외각 사이의 성질을 알게 한다. ✔ 다각형의 내각의 크기의 합과 외각의 크기의 합을 구할 수 있게 한다.
단원의 지도상의 유의점	✔ 도형의 성질을 이해하고 설명하는 활동은 관찰이나 실험을 통해 확인하기, 사례나 근거를 제시하며 설명하기, 유사성에 근거하여 추론하기, 연역적으로 논증하기 등과 같은 다양한 정당화 방법을 학생 수준에 맞게 활용할 수 있다. ✔ 공학적 도구나 다양한 교구를 이용하여 도형을 그리거나 만들어 보는 활동을 통해 도형의 성질을 추론하고 토론할 수 있게 한다. ✔ 다각형의 성질에서는 내각과 외각의 크기의 합, 대각선의 개수를 다룬다.
관련 선행개념	다각형, 정다각형
성취수준	<table><tr><th>수준</th><th>성취 수준</th></tr><tr><td>하</td><td>삼각형에서 외각의 크기의 합을 말할 수 있다.</td></tr><tr><td>중</td><td>주어진 다각형에서 외각의 크기의 합을 구할 수 있다.</td></tr><tr><td>상</td><td>다각형에서 외각의 크기의 합을 식으로 나타내고, 그 과정을 설명할 수 있다.</td></tr></table>

활동하기

이 활동에서 필요한 알지오매스 도구

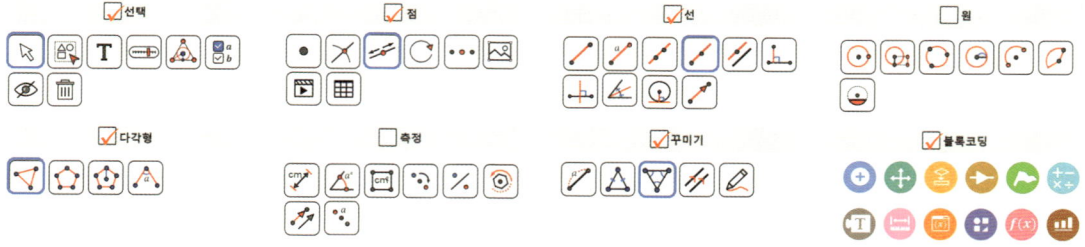

다각형 메뉴(□)_다각형(□)을 선택하여 원점 (0, 0)을 중심으로 삼각형을 그립니다.

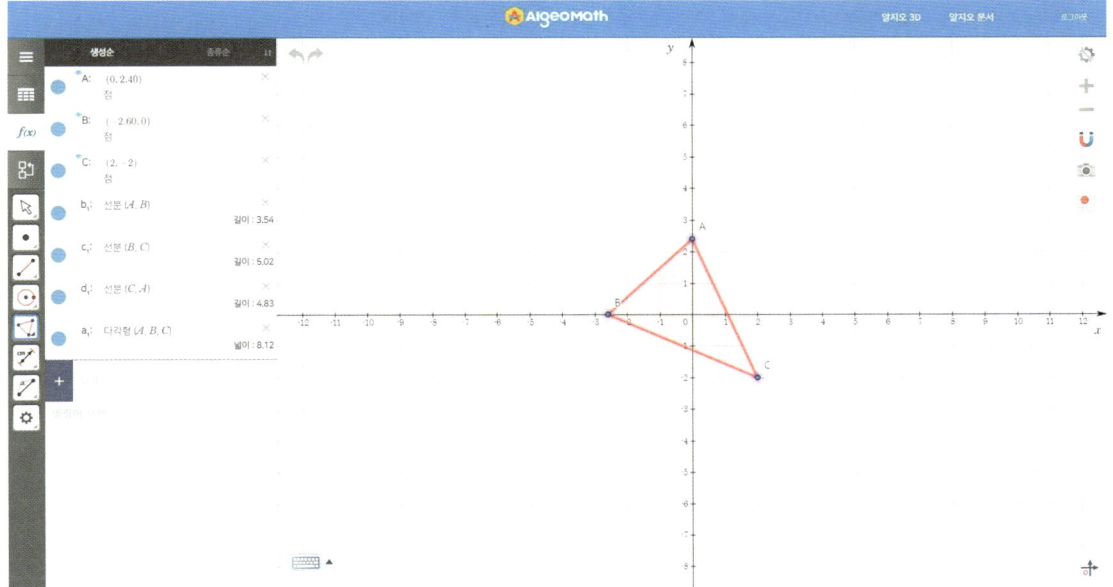

선 메뉴(□)_반직선(□)을 선택하고, 삼각형의 세 선분에 대해 한쪽 방향으로 연장하여 반직선(연장선)을 나타냅니다.

점 메뉴(●)_대상 위의 점(✎)을 선택하여 그림과 같이 연장선 위에 점을 찍습니다.

꾸미기(✐)_각도(▽)를 이용하여 삼각형의 세 외각을 표시합니다. 각도(▽)를 표시하기 위해서는 각을 이루는 세 점을 시계 방향으로 순서대로 선택해야 합니다. 예를 들어 오른쪽 그림과 같이 삼각형 △ABC에서 ∠B를 표시하기 위해서는 각도(▽)를 선택한 후 C→B→A 순으로 점을 선택하면 됩니다. 아래 그림과 같이 삼각형의 세 외각을 표시하고, 각의 모양을 '모양2(△)'로 변경합니다.

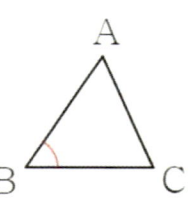

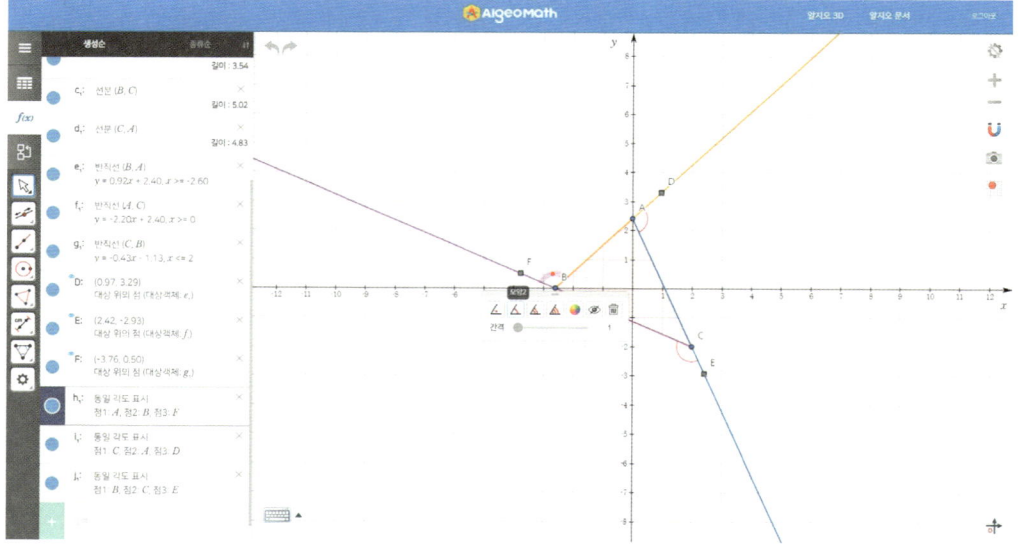

먼저 우측 상단에 있는 환경설정(⚙)_그리드(▦)에서 그리드 보기 설정을 해제합니다.

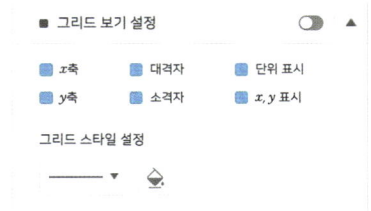

또한 환경설정(⚙)_2D(🎨)에서 다음과 같이 '점크기: 0pt, 선색: 검정(■)'으로 설정합니다.

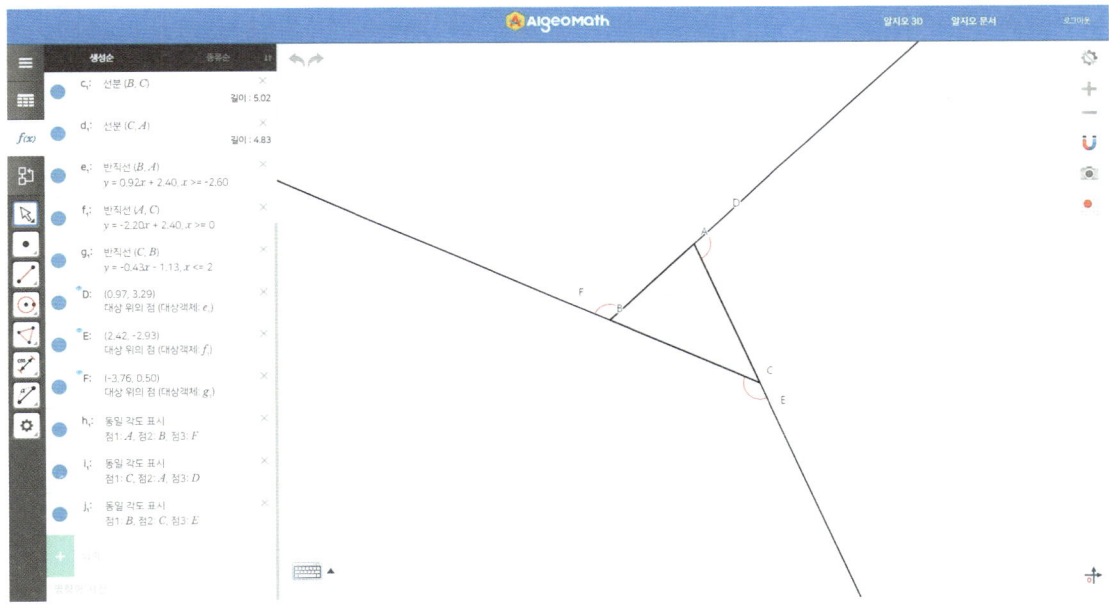

이제 블록코딩을 이용하여 화면을 축소해 보겠습니다. 블록코딩( ) 창을 실행합니다. 먼저 모양블록( )에서 `모든 점을 감추기`을 이용하여 화면 속 점의 이름을 모두 감추겠습니다. 그리고 제어블록( )에서 `반복문( i = 0, i < 10 이면, i += 1 )`을 사용하여 화면의 배율이 점점 작아져 삼각형이 점처럼 보일 때까지 축소해 보겠습니다. i의 초깃값 '$i = 6$(배율 기본값)'으로 하고, 최종값을 '$i \geq -50$', 간격을 '$i -= 1$'로 설정하세요. 동작블록( )에서 `화면을 ( 0 , 0 ) 중심으로 배율 6 로 설정하기`을 반복블록에 끼우고, 배율에 변수(i)를 삽입합니다. `1.5 초 기다리기`을 삽입하여 '0.1초 기다리기'로 설정합니다.

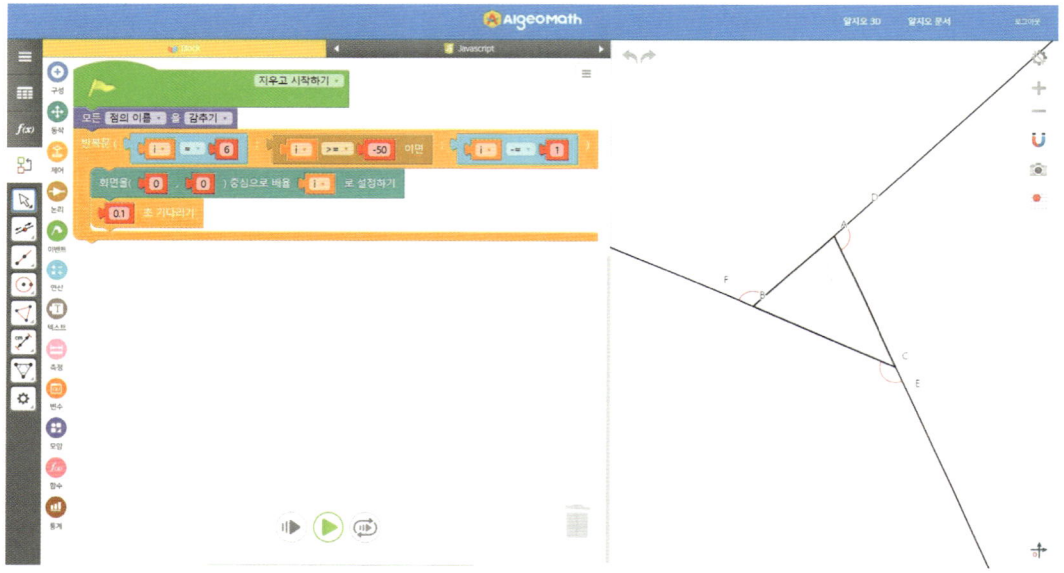

이제 블록코딩을 실행(▶)해보세요. 아래 그림과 같이 삼각형 외각의 합이 360°라는 사실을 직관적으로 확인할 수 있습니다.

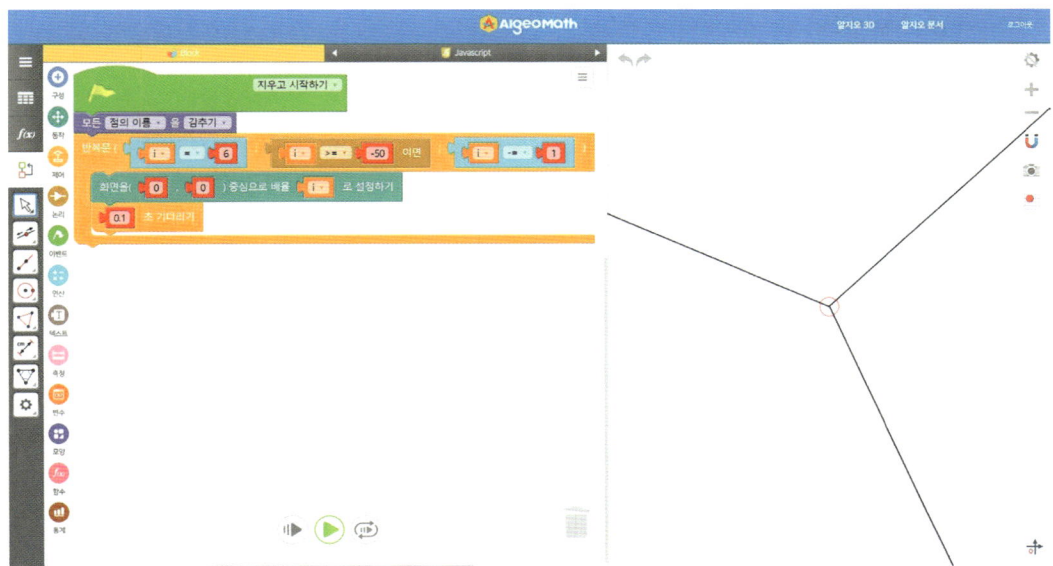

사각형, 오각형 등 다른 다각형에 대해서도 마찬가지 방법으로 외각의 합이 360° 임을 확인할 수 있습니다.

도형과 측정 | 평면도형의 성질

me2.do/Fm2CA4xw

7. 부채꼴의 중심각과 호의 길이, 넓이, 현의 길이

활동 의도

부채꼴의 중심각과 호의 길이, 넓이의 관계를 탐구하는 과정은 반지름, 중심각의 크기 등을 변인으로 수학적 다양성의 원리를 확인할 수 있는 가장 대표적인 개념입니다. 피자 조각과 같이 구체물을 통해 이러한 개념을 이해하기도 하지만, 알지오매스는 구체물 없이 쉽고 빠르게 이해할 수 있다는 점에서 더 효과적인 도구가 될 수 있습니다. 본 활동에서는 알지오매스를 활용하여 부채꼴의 중심각과 호의 길이, 넓이가 정비례함을 확인합니다. 아울러 현의 길이는 정비례하지 않음을 확인하고자 합니다.

교육과정 분석

학년	1학년	영역	도형과 측정
성취기준	[9수03-06] 부채꼴의 중심각과 호의 관계를 이해하고, 이를 이용하여 부채꼴의 호의 길이와 넓이를 구할 수 있다.		
성취기준 적용 시 고려 사항	✔ 다양한 교구나 공학 도구를 이용하여 도형을 그리거나 만들어 보는 활동을 통해 도형의 성질을 추론하고 토론할 수 있게 한다.		
단원의 지도목표	✔ 호, 현, 부채꼴, 중심각, 활꼴, 할선의 뜻을 알게 한다. ✔ 부채꼴의 중심각의 크기와 호의 길이 사이의 관계, 중심각의 크기와 넓이 사이의 관계를 알게 한다.		
단원의 지도상의 유의점	✔ 도형의 성질을 이해하고 설명하는 활동은 관찰이나 실험을 통해 확인하기, 사례나 근거를 제시하며 설명하기, 유사성에 근거하여 추론하기, 연역적으로 논증하기 등과 같은 다양한 정당화 방법을 학생 수준에 맞게 활용할 수 있다. ✔ 공학적 도구나 다양한 교구를 이용하여 도형을 그리거나 만들어 보는 활동을 통해 도형의 성질을 추론하고 토론할 수 있게 한다.		
관련 선행개념	원, 원주와 원의 넓이		

성취수준	수준	성취 수준
	하	부채꼴의 넓이와 호의 길이를 구할 수 있다.
	중	부채꼴의 중심각과 호에 관한 성질을 말할 수 있고, 부채꼴의 넓이와 호의 길이를 구할 수 있다.
	상	부채꼴의 중심각과 호의 관계를 이용하여 부채꼴의 넓이와 호의 길이에 대한 여러 가지 문제를 해결할 수 있다.

활동하기

이 활동에서 필요한 알지오매스 도구

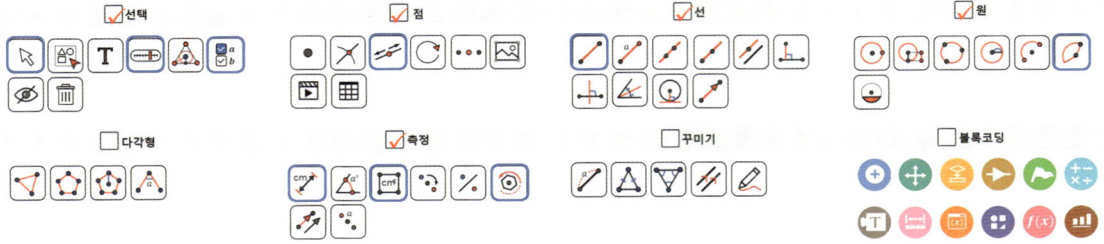

우측 상단에 있는 환경설정(⚙)_그리드(▦)에서 그리드 보기 설정을 해제합니다.

선택 메뉴( )에서 슬라이더( )를 이용하여 슬라이더 r, a, b를 삽입합니다. 초깃값을 $r=2$, $a=60$, $b=120$으로 설정합니다.

- 슬라이더 r(반지름) '간격 단위: 1, 최솟값: 0, 최댓값: 5'
- 슬라이더 a(부채꼴 AOB의 중심각) '간격 단위: 1, 최솟값: 0, 최댓값: 360'
- 슬라이더 b(부채꼴 COD의 중심각) '간격 단위: 1, 최솟값: 0, 최댓값: 360'

대수창( )에 ➕ (0, 0) 을 입력하여 원점을 삽입하고, 점의 이름을 O로 변경합니다. 원 메뉴( )에서 원:중심과 반지름( )을 이용하여 점 O(0, 0)를 중심으로 하고 반지름이 r인 원을 그립니다. 원을 선택한 후 색상을 검정(■)으로 변경합니다.

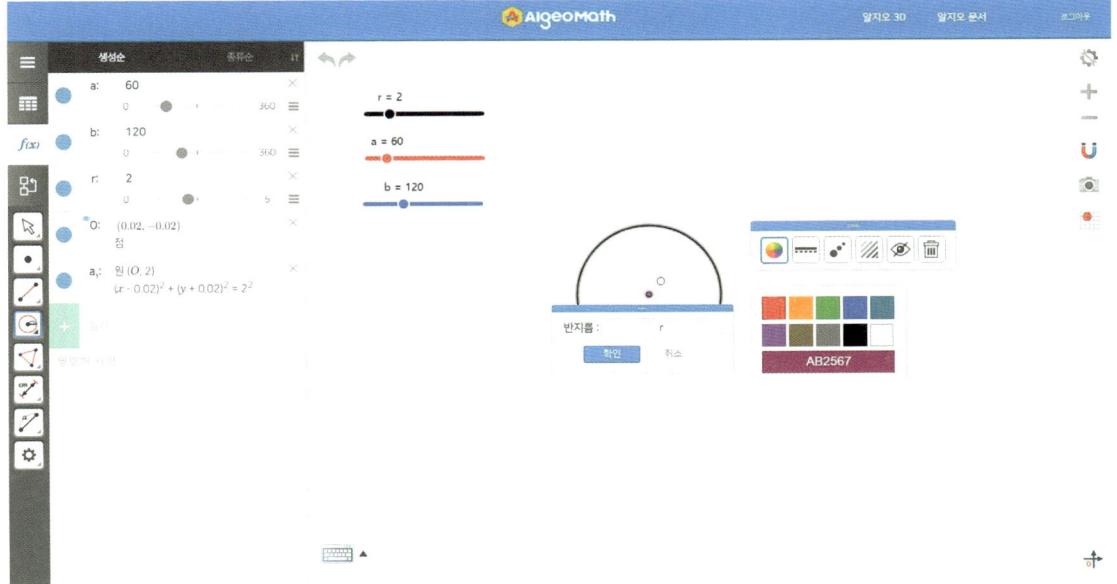

점 메뉴(●)에서 대상 위의 점(✐)을 이용하여 원 위의 점 A를 삽입합니다. 점의 색을 빨강(■)으로 변경하고, 모양을 ●으로 변경합니다.

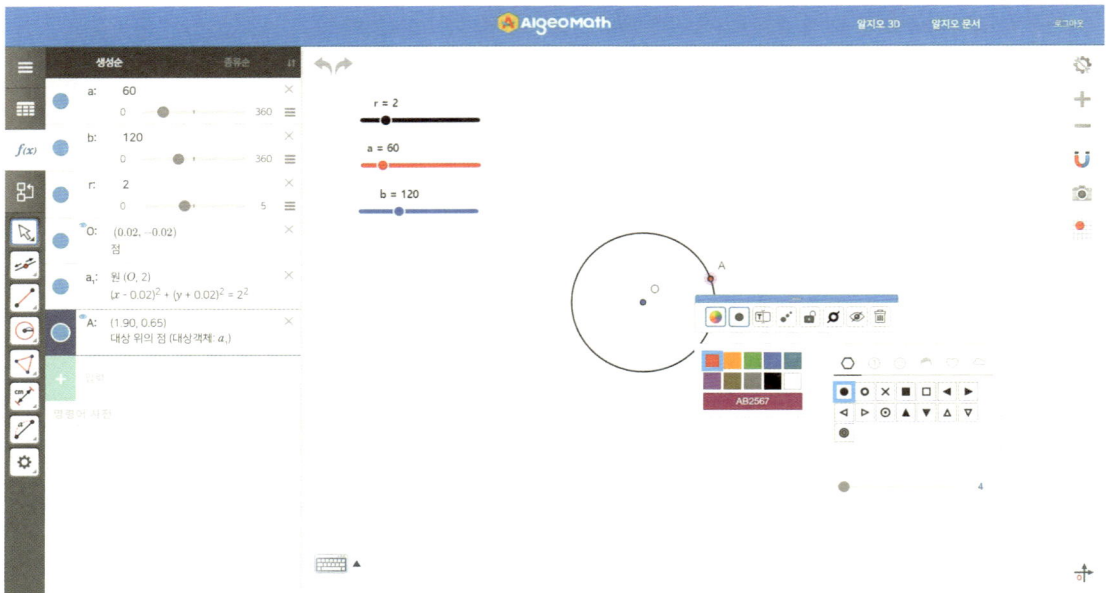

측정 메뉴(✐)에서 회전(◉)을 이용하여 점 A에 대해 점 O를 중심으로 반시계 방향으로 a만큼 회전한 점을 점 B로 나타냅니다. ◉을 선택한 상태에서 '점 A(회전시킬 점) 클릭 → 점 O(회전 중심) 클릭 → 각도 a 입력 → 반시계 방향 설정' 순으로 체크하여 점 B를 삽입합니다.

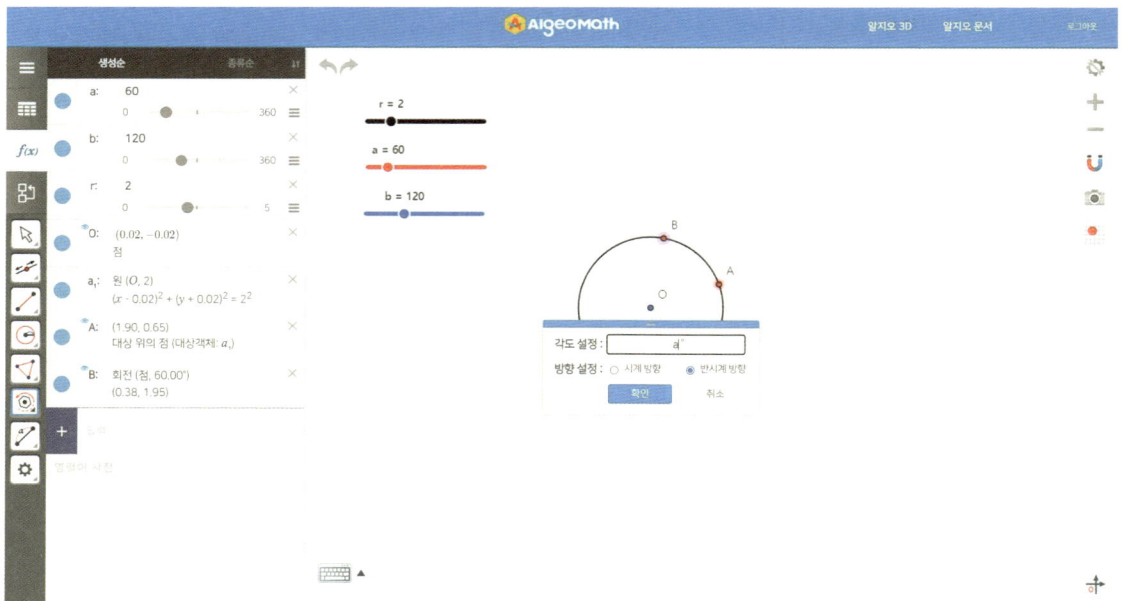

원 메뉴(◉)에서 부채꼴(◐)을 이용하여 부채꼴 AOB를 삽입합니다. ◐을 선택한 상태에서 점 O, A, B를 순서대로 선택합니다. 부채꼴의 색을 빨강(■)으로 변경합니다. 패턴 스타일을 ■으로 변경하고, 투명도를 60%로 설정합니다.

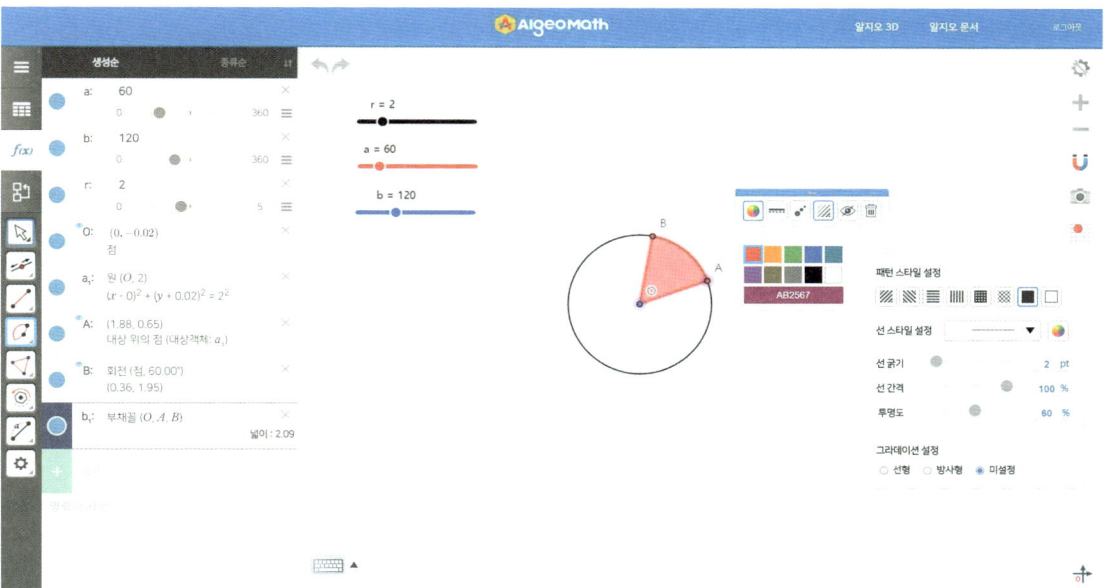

점 메뉴(•)에서 대상 위의 점(✎)을 이용하여 원 위의 점 C를 삽입합니다. 점의 색을 파랑(■)으로 변경하고, 모양을 ●으로 변경합니다.

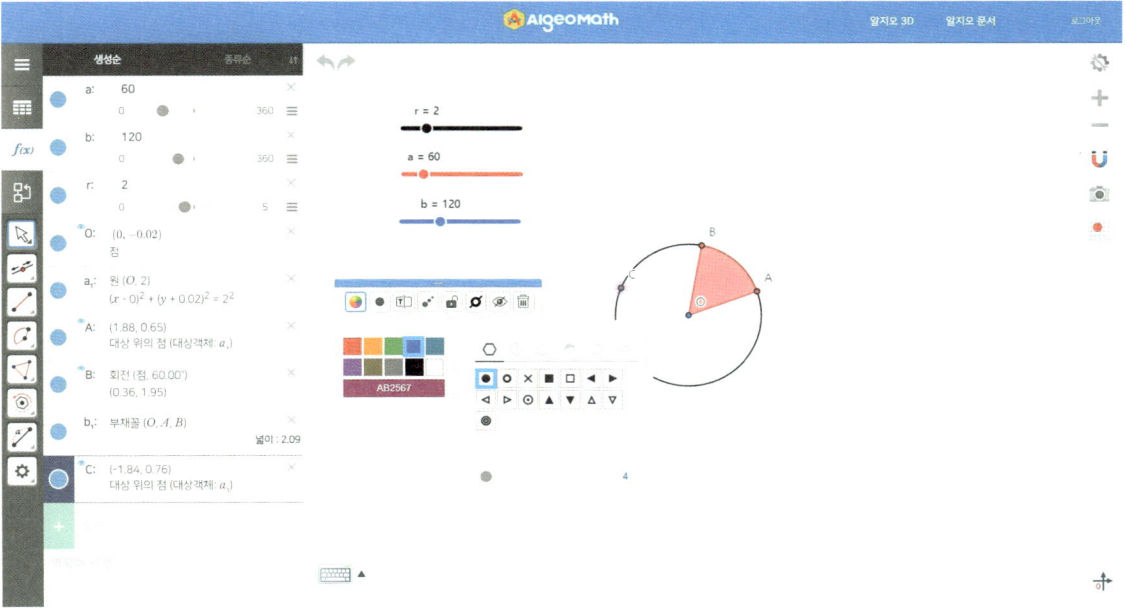

7. 부채꼴의 중심각과 호의 길이, 넓이, 현의 길이

측정 메뉴(⏱)에서 회전(◎)을 이용하여 점 C에 대해 점 O를 중심으로 반시계 방향으로 b만큼 회전한 점을 점 D로 나타냅니다. ◎을 선택한 상태에서 '점 C(회전시킬 점) 클릭 → 점 O(회전 중심) 클릭 → 각도 b 입력 → 반시계 방향 설정' 순으로 체크하여 점 D를 삽입합니다.

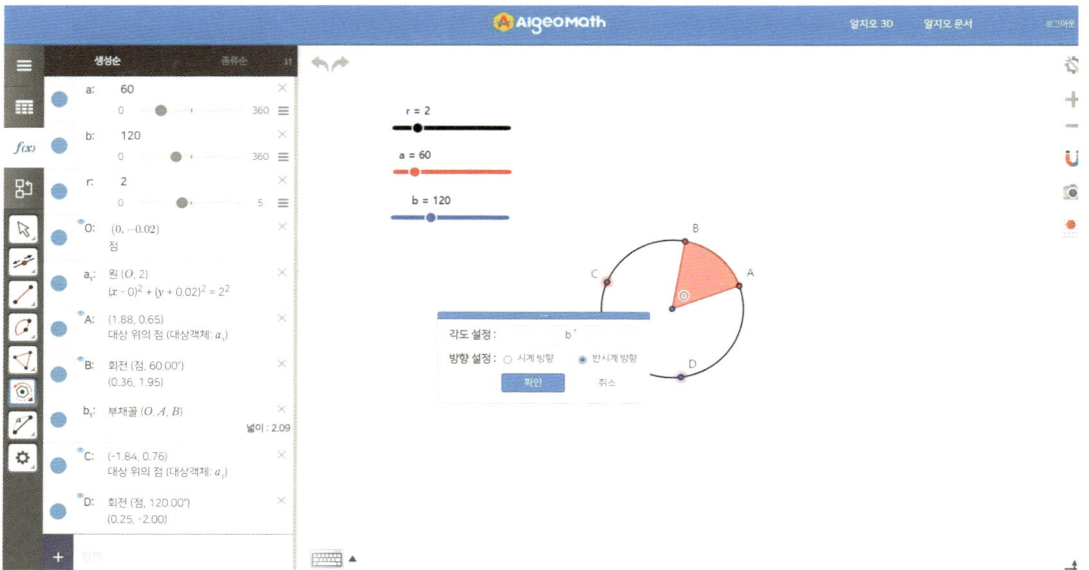

원 메뉴(◎)에서 부채꼴(⏱)을 이용하여 부채꼴 COD를 삽입합니다. ⏱을 선택한 상태에서 점 O, C, D를 순서대로 선택합니다. 부채꼴의 색을 파랑(■)으로 변경합니다. 패턴 스타일을 ■으로 변경하고, 투명도를 60%로 설정합니다.

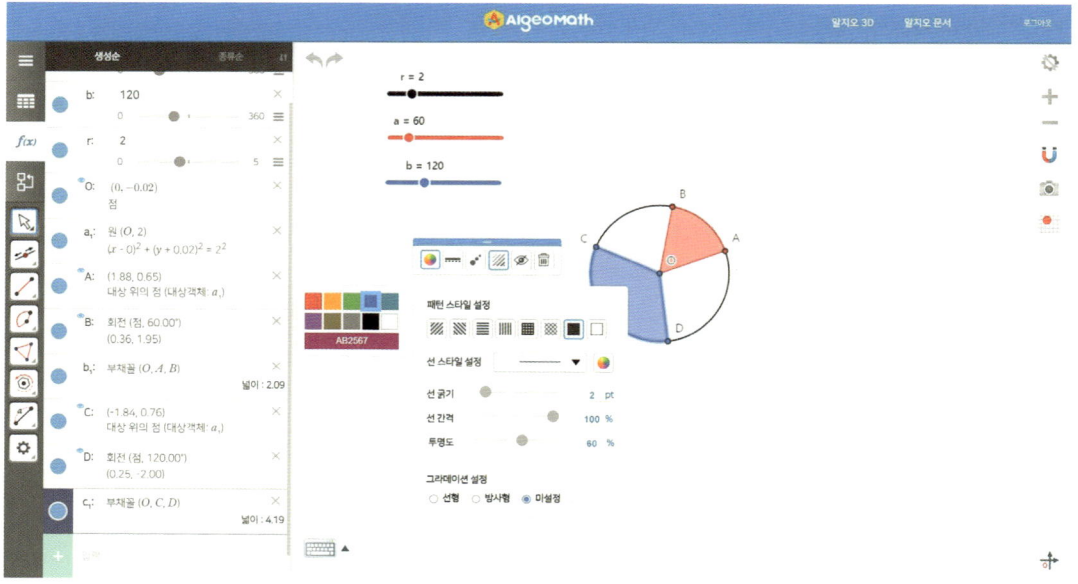

측정 메뉴(✏️)에서 길이 측정(📏)을 이용하여 호AB의 길이와 호CD의 길이를 측정합니다. 📏을 선택한 상태에서 $\widehat{AB}$와 $\widehat{CD}$를 각각 선택하면 됩니다. 선택 메뉴(🔍)에서 체크박스(☑️)를 하나 삽입하여 '호의 길이'로 텍스트를 입력하고, $\widehat{AB}$와 $\widehat{CD}$의 길이측정 d_1, e_1을 보이고 숨길 대상으로 선택하여 '확인'을 선택합니다. 체크박스(☑️)를 선택 또는 선택해제할 때마다 호의 길이가 표시 또는 숨겨집니다.

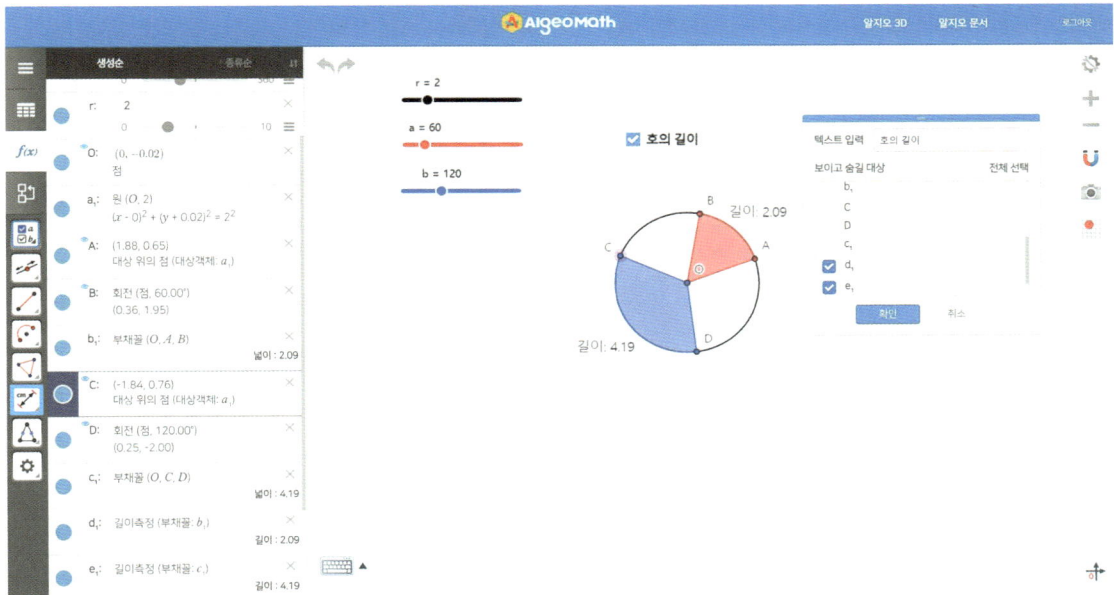

측정 메뉴(✏️)에서 넓이 측정(📐)을 이용하여 부채꼴 AOB와 부채꼴 COD의 넓이를 측정합니다. 📐을 선택한 상태에서 $\widehat{AB}$와 $\widehat{CD}$를 각각 선택하면 됩니다. 선택 메뉴(🔍)에서 체크박스(☑️)를 하나 삽입하여 '넓이'로 텍스트를 입력하고, 부채꼴 AOB와 부채꼴 COD의 넓이측정 g_1, h_1을 보이고 숨길 대상으로 선택하여 '확인'을 선택합니다. 체크박스(☑️)를 선택 또는 선택해제할 때마다 넓이가 표시 또는 숨겨집니다.

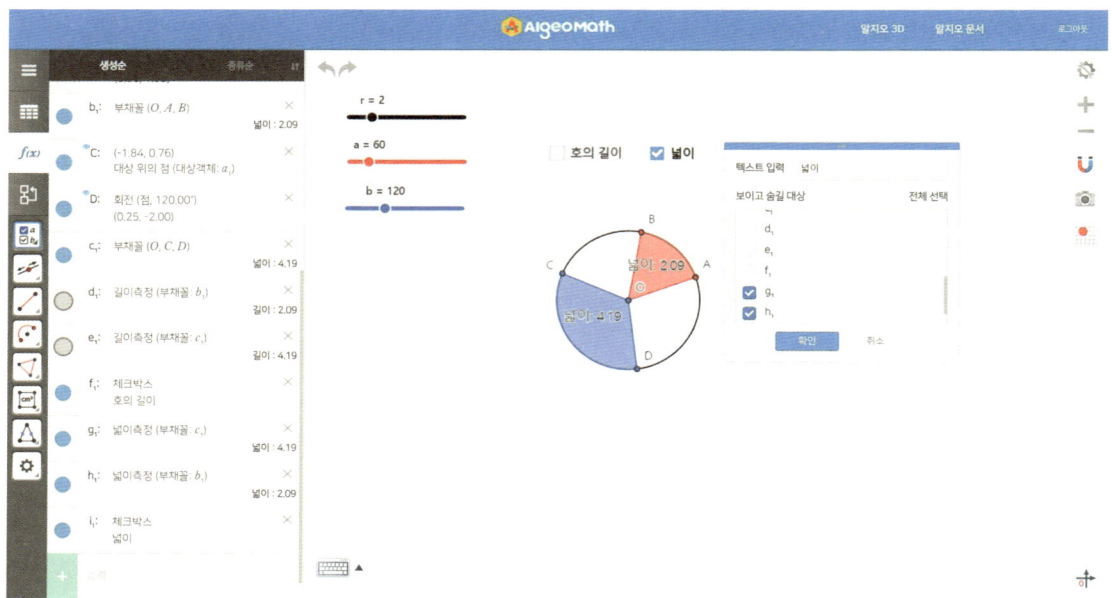

선분 메뉴(✎)에서 선분(✎)을 이용하여 $\overline{AB}$와 $\overline{CD}$를 표시합니다. $\overline{AB}$의 색은 빨강(■)으로 $\overline{CD}$의 색은 파랑(■)으로 변경합니다. 측정 메뉴(✎)에서 길이 측정(✎)을 이용하여 현AB의 길이와 현CD의 길이를 측정합니다. ✎을 선택한 상태에서 $\overline{AB}$와 $\overline{CD}$를 각각 선택하면 됩니다. 선택 메뉴(✎)에서 체크박스(✎)를 하나 삽입하여 '현의 길이'로 텍스트를 입력하고, $\overline{AB}$, $\overline{CD}$와 두 현의 길이 측정 대상 l_1, m_1을 선택하여 확인합니다. 체크박스(☑)를 선택 또는 선택해제할 때마다 $\overline{AB}$, $\overline{CD}$와 현의 길이가 표시 또는 숨겨집니다.

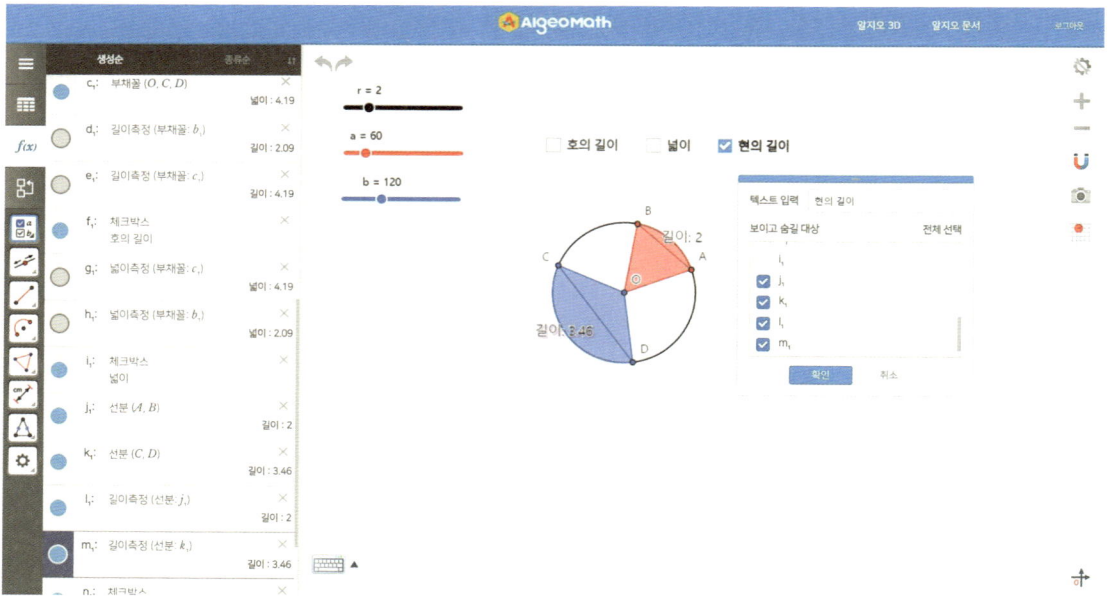

슬라이더 r, a, b의 값을 변화시키면서 부채꼴의 중심각의 크기, 호의 길이, 넓이가 정비례 관계임을 확인합니다.

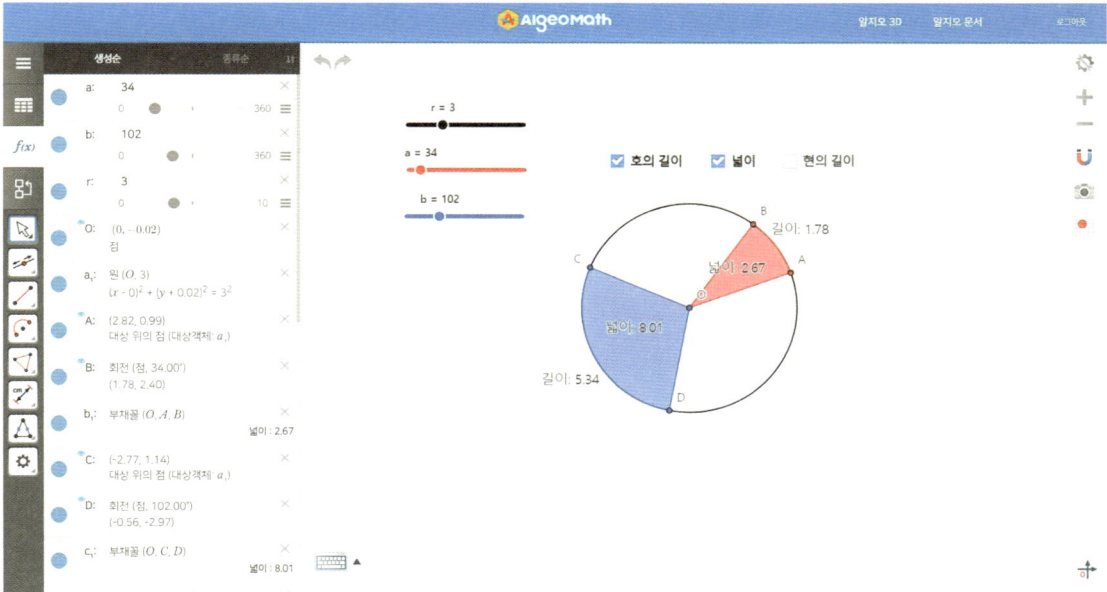

슬라이더 r, a, b의 값을 변화시키면서 부채꼴 현의 길이는 '중심각의 크기, 호의 길이, 넓이'와 정비례 하지 않음도 확인할 수 있습니다.

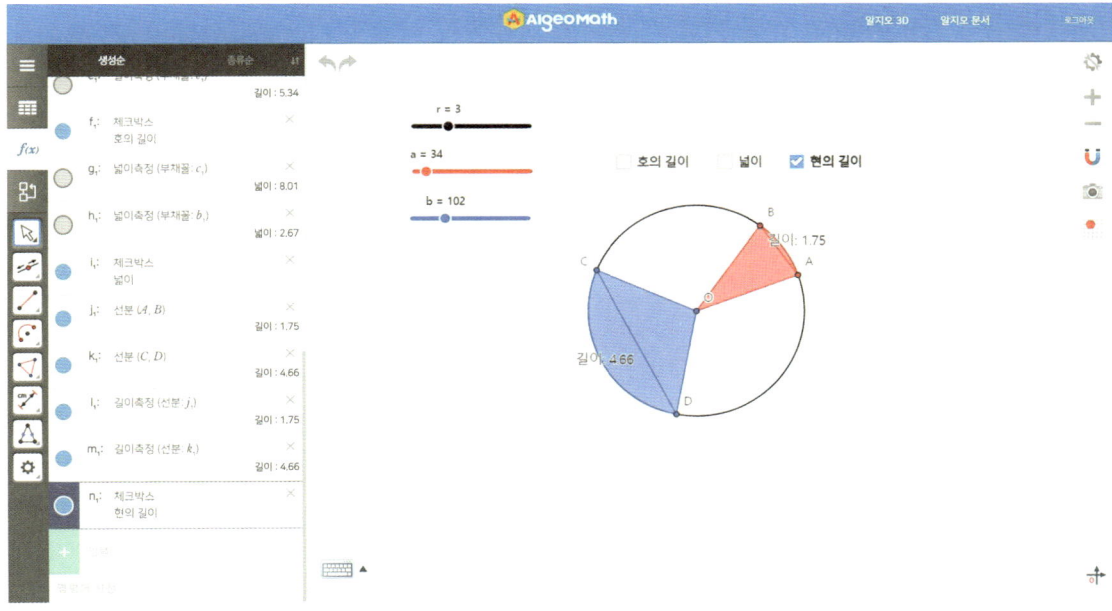

 평면도형의 성질

8. 블록코딩으로 부채꼴의 넓이 공식 유도하기

활동 의도

중학교 1학년에서 부채꼴의 넓이 구하는 방법은 두 가지가 소개되고 있습니다. 한 가지는 부채꼴의 중심각과 넓이가 정비례함을 이용한 공식 '(원의 넓이)$\times \frac{x}{360}$ (단, $x°$는 중심각의 크기)'이고, 다른 한 가지는 부채꼴을 아주 작게 쪼개서 직사각형 형태로 이어 붙이고, 가로의 길이가 $\frac{1}{2}l$, 세로의 길이가 r(단, l은 부채꼴 호의 길이, r은 반지름)임을 이용한 공식 '$\frac{1}{2}rl$'입니다.

두 번째 방법은 부채꼴의 넓이를 직관적으로 이해할 수 있는 방법이지만, 구체물로 이를 확인하는 과정은 많은 어려움이 따릅니다. 알지오매스와 같은 공학도구는 이러한 개념을 시각화하는 데 매우 효과적으로 활용할 수 있습니다.

본 활동에서는 블록코딩을 이용하여 부채꼴을 조각내고, 이어 붙이는 과정을 시각화합니다. 이를 통해 부채꼴 넓이 구하는 공식을 이해시키고자 합니다.

교육과정 분석

학년	1학년	영역	도형과 측정
성취기준	[9수03-06] 부채꼴의 중심각과 호의 관계를 이해하고, 이를 이용하여 부채꼴의 호의 길이와 넓이를 구할 수 있다.		
성취기준 적용 시 고려 사항	✔ 다양한 교구나 공학도구를 이용하여 도형을 그리거나 만들어 보는 활동을 통해 도형의 성질을 추론하고 토론할 수 있게 한다.		
단원의 지도목표	✔ 호, 현, 부채꼴, 중심각, 활꼴, 할선의 뜻을 알게 한다. ✔ 부채꼴의 중심각의 크기와 호의 길이 사이의 관계, 중심각의 크기와 넓이 사이의 관계를 알게 한다.		
단원의 지도상의 유의점	✔ 도형의 성질을 이해하고 설명하는 활동은 관찰이나 실험을 통해 확인하기, 사례나 근거를 제시하며 설명하기, 유사성에 근거하여 추론하기, 연역적으로 논증하기 등과 같은 다양한 정당화 방법을 학생 수준에 맞게 활용할 수 있다.		

	✔ 공학적 도구나 다양한 교구를 이용하여 도형을 그리거나 만들어 보는 활동을 통해 도형의 성질을 추론하고 토론할 수 있게 한다.
관련 선행개념	원, 원주와 원의 넓이

성취수준	수준	성취 수준
	하	부채꼴의 넓이와 호의 길이를 구할 수 있다.
	중	부채꼴의 중심각과 호에 관한 성질을 말할 수 있고, 부채꼴의 넓이와 호의 길이를 구할 수 있다.
	상	부채꼴의 중심각과 호의 관계를 이용하여 부채꼴의 넓이와 호의 길이에 대한 여러 가지 문제를 해결할 수 있다.

활동하기

이 활동에서 필요한 알지오매스 도구

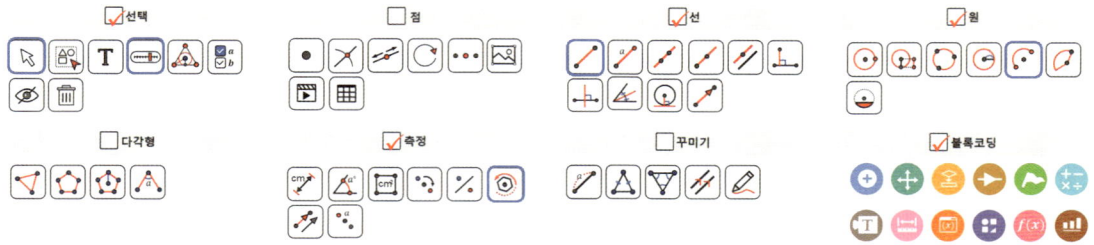

기하창을 깔끔한 흰 배경으로 바꾸겠습니다. 우측 상단에 있는 환경설정(⚙)_그리드(▦)에서 그리드 보기 설정을 해제합니다.

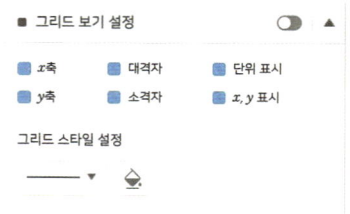

선택 메뉴(▶)에서 슬라이더(━)를 이용하여 슬라이더 n, r, x를 삽입합니다. 초깃값은 $n = 10$, $r = 3$, $x = 120$으로 합니다.

- 슬라이더 n(부채꼴 조각 수) '간격 단위: 1, 최솟값: 5, 최댓값: 200'
- 슬라이더 r(부채꼴 반지름) '간격 단위: 0.5, 최솟값: 0, 최댓값: 6'

- 슬라이더 x(부채꼴 중심각) '간격 단위: 10, 최솟값: 0, 최댓값: 360'

대수창(f(x))에서 ➕ $(0, 0)$ 을 입력하고, 점의 이름을 O로 바꿔 점 O$(0, 0)$를 삽입합니다. 또한, ➕ $(r, 0)$ 을 입력하여 점 A$(r, 0)$를 삽입합니다.

측정 메뉴에서 회전을 선택한 후 점 A와 점 O를 순서대로 선택하고, 각도 $x°$를 입력한 후 반시계 방향으로 회전시키면 점 A$(r, 0)$에 대해 점 O$(0, 0)$를 중심으로 반시계 방향으로 $x°$만큼 회전 이동한 점 B가 만들어집니다.

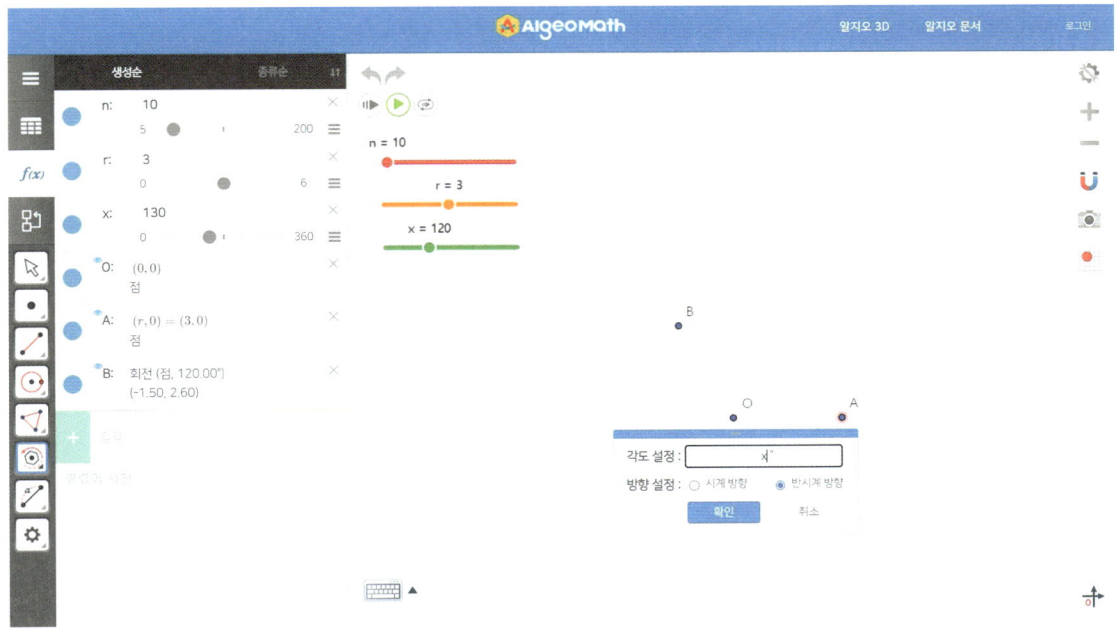

이제 선 메뉴(✎)에서 선분(✎)을 이용하여 $\overline{OA}$, $\overline{OB}$를 나타내고, 색상을 회색(■)으로 변경합니다. 원 메뉴(◉)에서 호(⌒)를 활용하여 그림과 같이 호 AB를 그립니다. 호(⌒)를 선택 후, O, A, B를 순서대로 선택하면 됩니다. 호의 색상을 빨강(■)으로 변경합니다.

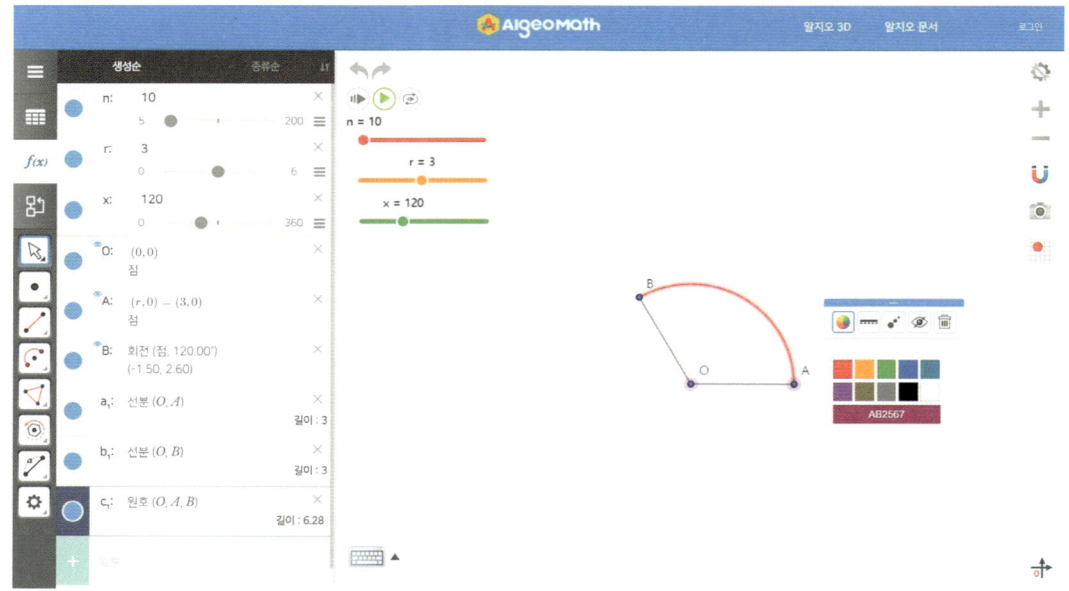

블록코딩(🧩) 창을 실행합니다. 변수블록(■)에서 [변수 만들기...] 을 실행한 후 '새 변수 이름'으로 n, r, x를 추가합니다. [i ▼ 를 2 로 정하기] 을 3개 삽입한 후 변수를 각각 n, r, x로 바꿉니다. 측정블록(■)에서 [슬라이더 " a " 의 값 가져오기] 을 사용하여 각각 슬라이더 n, r, x의 값을 가져옵니다.

변수블록(■)에서 [변수 만들기...] 을 실행한 후 θ를 추가합니다. '새 변수 이름'을 적는 칸에 자음 'ㅎ'을 입력하고, 키보드 우측 하단에 있는 Ctrl를 누르면 그림과 같은 특수기호 팝업창이 나옵니다. θ를 찾아 입력합니다. θ를 다른 기호(문자)로 입력해도 상관없습니다.

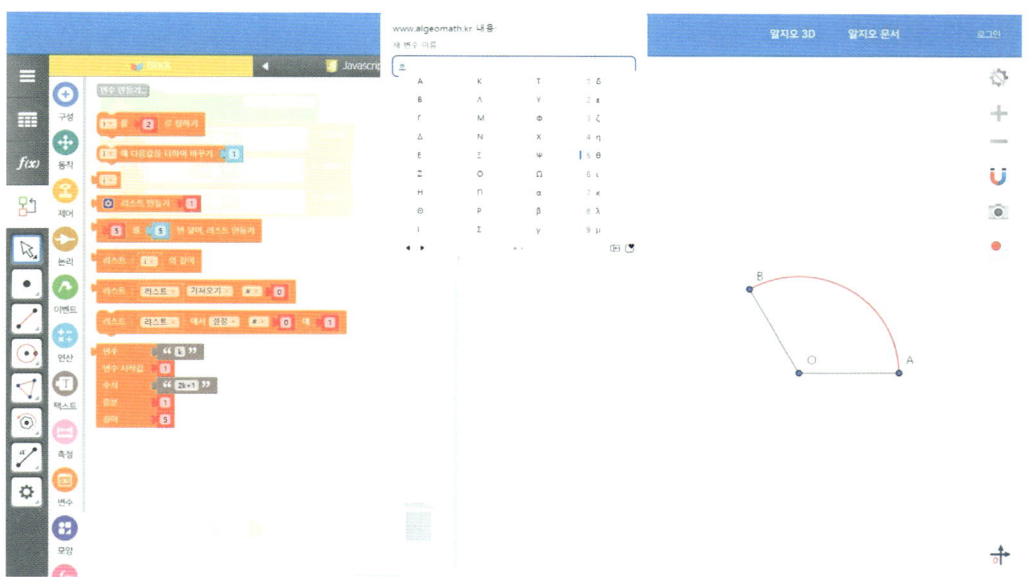

부채꼴의 중심각 $x°$ 를 n등분하면 부채꼴 한 조각의 중심각은 $\frac{x}{n}°$ 입니다. 부채꼴 AOB의 호를 n등분하는 점을 만들겠습니다. 구성블록(⊕)에서 (1 , 2)에 점 " A " 만들기 을 이용하여 점 C(r, 0)를 삽입합니다. 점 A와 점 C는 같은 점이지만 점 C를 삽입하는 이유는 점 C를 회전하여 부채꼴을 n등분하는 점을 나타내기 위함입니다.

(r , 0)에 점 " C " 만들기

제어블록(⊙)의 반복문(i = 0 i < 10 이면 i += 1)

(시작 $\theta = \frac{x}{n}$, 끝 $\theta \leq x$ 규칙 $\theta += \frac{x}{n}$)과 동작블록(⊕)의 " A " 를 (1 , 2)로 이동하기 , 연산블록의 5 + 5 , sin 45 을 이용하여 부채꼴의 호 AB 위에 호 AB를 n등분하는 점 C($r\cos\theta$, $r\sin\theta$)를 다음과 같이 나타냅니다.

반복문(θ = x/n θ <= x 이면 θ += x/n)
" C " 를 (r × cos θ , r × sin θ)로 이동하기

구성블록(⊕)의 두 점 " A " , " B " 으로 선분 " C " 만들기 , 모양블록(⊕)의

8. 블록코딩으로 부채꼴의 넓이 공식 유도하기

![블록1] 의 색을 ![빨강] 으로 정하기 , ![블록2] 의 자취 시작하기 을 이용하여 부채꼴의 꼭짓점 O와 n등분하는 점 $C(r\cos\theta, r\sin\theta)$를 선분 c로 잇고, c의 색을 회색(![회색])으로 하여 자취를 남깁니다. 반복블록에 ![1.5초 기다리기] 을 활용하여 '0.02초 기다리기'를 적용하면 n등분하는 점 $C(r\cos\theta, r\sin\theta)$가 이동할 때마다 다음 그림과 같이 $\overline{OC}$(=선분 c)가 자취로 그려집니다.

이제 부채꼴의 넓이를 구하기 위해 아래 그림과 같이 n개의 부채꼴 조각을 재배치하는 블록코딩을 생각해 봅시다. 이를 위해서는 부채꼴의 구조를 조금 더 분석해야 합니다. 아래 [부채꼴1]에서 부채꼴 AOC를 [부채꼴2]와 같이 재배치했다고 해보겠습니다. [부채꼴2]에서 점 $O(0, 0)$를 기준으로 점 A의 x좌표는 '$-\frac{1}{2}\overline{AC}$'이고, y좌표는 '점 O에서 $\overline{AC}$에 내린 수선의 길이'입니다.

이를 조금 더 쉽게 나타내기 위해 ∠AOC의 크기를 키워 [그림1]과 같이 나타내봅시다. [그림1]에서 ∠AOD = $\frac{1}{2}$∠AOC인 점 D를 잡고, 점 D의 x좌표를 a, y좌표를 b라 하면 [부채꼴2]에서 점 A의 좌표는 $(-b, a)$입니다. 그리고 [부채꼴2]에서 y좌표가 같은 이웃한 점 사이의 간격은 $2b$입니다.

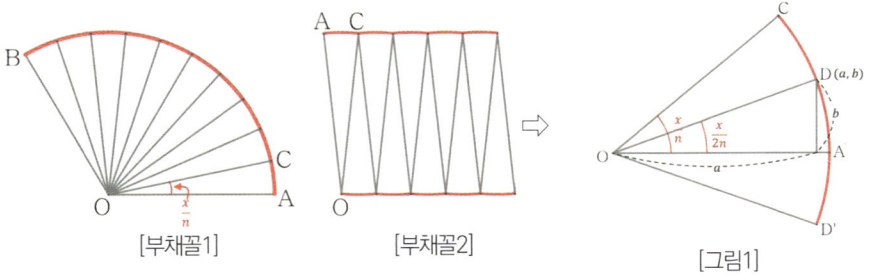

먼저 구성블록(⊕)의 (1 , 2)에 점 " A " 만들기 과 연산블록(✚)의 5 + 5 , sin 45 을 이용하여 점 $\mathrm{D}\left(r\cos\dfrac{x}{2n},\ r\sin\dfrac{x}{2n}\right)$을 다음과 같이 삽입합니다.

(r × cos x/(2*n) r × sin x/(2*n))에 점 " D " 만들기

변수블록(▦)에서 변수 만들기 를 이용하여 다음과 같이 변수 a, b, c를 추가합니다. 그리고 i 를 2 로 정하기 와 측정블록(▦)의 " A " 의 x 좌표 가져오기 을 이용하여 다음과 같이 변수 a, b, c를 설정합니다.

a 를 " D " 의 x 좌표 가져오기 로 정하기
b 를 " D " 의 y 좌표 가져오기 로 정하기
c 를 2*b 로 정하기

부채꼴 조각을 재배치할 때 고려해야 할 또 다른 부분은 조각 수 n이 짝수일 때와 홀수일 때 재배치 구조가 달라진다는 것입니다. n이 짝수일 때에는 △의 개수와 ▽의 개수가 같습니다. 하지만, n이 홀수일 때에는 △의 개수보다 ▽의 개수가 1개 더 많습니다.

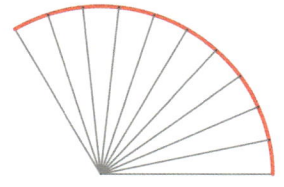
조각 수 n이 짝수일 때,

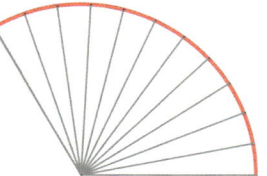
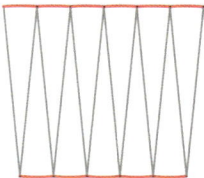
조각 수 n이 홀수일 때,

부채꼴을 재배치한 그림에서 아래쪽 점들을 $\mathrm{A}_i(i=0,\ 1,\ 2,\ \cdots)$, 위쪽 점들을 $\mathrm{B}_i(i=0,\ 1,\ 2,\ \cdots)$라고 하겠습니다. 아래쪽 점들의 경우 $n=10,\ 11$일 때 모두 $\mathrm{A}_0,\ \mathrm{A}_1,\ \cdots,\ \mathrm{A}_5$이지만, 위쪽 점들의 경우 $n=10$일 때에는 $\mathrm{B}_0,\ \mathrm{B}_1,\ \cdots,\ \mathrm{B}_5$이고, $n=11$일 때에는 $\mathrm{B}_0,\ \mathrm{B}_1,\ \cdots,\ \mathrm{B}_6$입니다. 블록코딩으로 점을 생성할 때, 아래쪽 점 A_i에 대한 첨자 i는 0부터 $\dfrac{n}{2}$ 이하의 자연수로, 위쪽 점 B_i에 대한 첨자 i는 0부터 $\dfrac{n+1}{2}$ 이하의 자연수로 하면 됩니다.

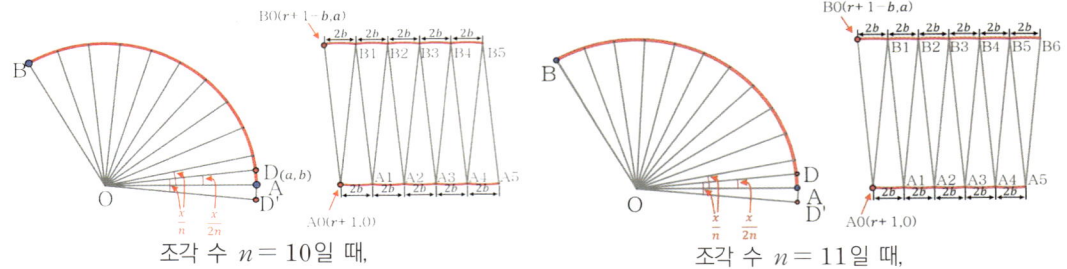

조각 수 $n=10$일 때,   조각 수 $n=11$일 때,

블록코딩으로 위와 같이 도형을 나타내 봅시다.

제어블록(🔶)의 [블록 이미지], 구성블록(🔵)의 [블록 이미지],

텍스트블록(🟪)의  을 활용하여 아래쪽 점 A_i와 위쪽 점 B_i를 나타낼 수 있습니다. A_0를 부채꼴 위의 점 A보다 1만큼 오른쪽에 나타나게 하기위해 $A_0(r+1, 0)$으로 합니다. A_{i+1}의 x좌표는 A_i의 x좌표보다 $c(=2b)$만큼 크기 때문에 좌표를 $A_i(r+1+ci, 0)$으로 합니다. 또한, B_0는 x좌표가 A_0보다 b만큼 작고, y좌표는 A_0보다 a만큼 크기 때문에 좌표를 $B_0(r+1-b, a)$로 할 수 있습니다. B_{i+1}의 x좌표는 B_i의 x좌표보다 간격이 $c(=2b)$만큼 크기 때문에 좌표를 $B_i(r+1-b+ci, a)$로 합니다. 이를 블록코딩으로 나타내면 다음과 같이 나타낼 수 있습니다.

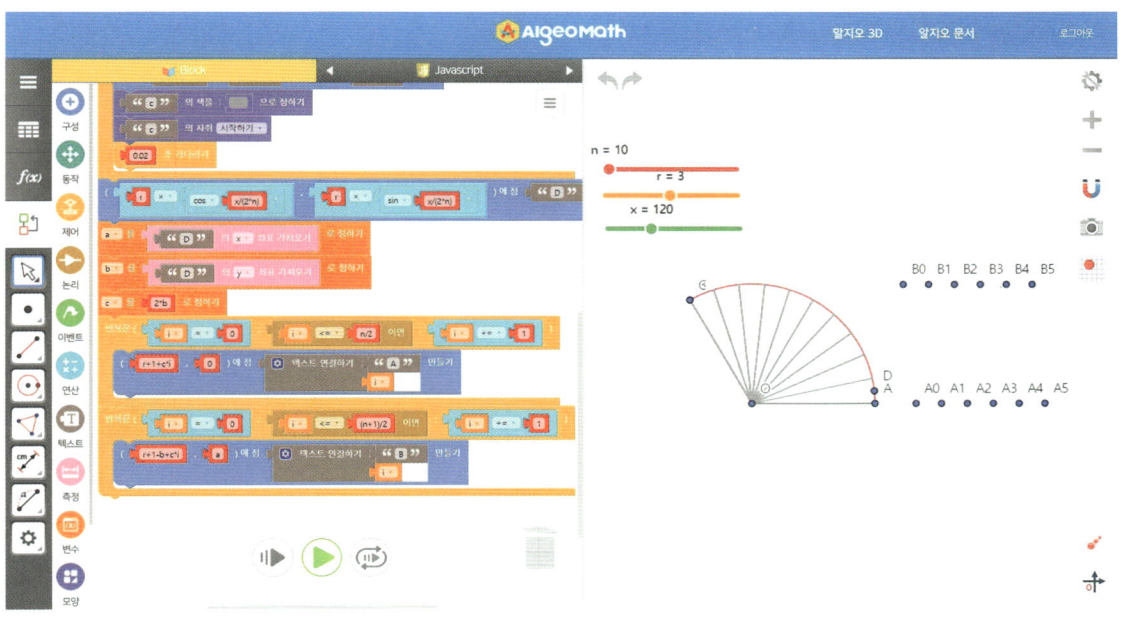

이제 구성블록(⊕)의 두 점 "A", "B" 으로 선분 "C" 만들기,

대수식 "a_1" : "x^2+y^2 = 5" 실행하기, 제어블록의

을 사용하여 재배치된 점 A_i, B_i를 선분과 호로 연결합니다. $0 \leq i \leq \dfrac{n+1}{2}$ 인 정수 i에 대하여 점 A_i와 B_i를 선분($\overline{A_iB_i}$)으로 연결하고, 점 A_i와 B_{i+1}을 선분($\overline{A_iB_{i+1}}$)으로 연결합니다. 또한, 중심이 점 A_i인 호 $\overset{\frown}{B_iB_{i+1}}$와 중심이 점 B_{i+1}인 호 $\overset{\frown}{A_iA_{i+1}}$를 나타냅니다. 부채꼴과의 일치성을 위해 선분의 색은 회색(■)으로 하고, 호의 색은 빨강(■)으로 나타냅니다. 블록코딩에서 호를 나타내기 위해서는 대수식을 활용해야 합니다.

중심이 점 A_i인 호 $\overset{\frown}{B_iB_{i+1}}$를 대수식으로 나타낼 때, "Arc($A_i$, B_{i+1}, B_i)"와 같이 표현하는데, Arc 명령어 속의 세 점의 순서는 그림과 같이 중심과 호의 양 끝점을 시계 반대방향으로 나타낸다고 생각하면 됩니다. 마찬가지로 중심이 점 B_{i+1}인 호 $\overset{\frown}{A_iA_{i+1}}$는 "Arc($B_{i+1}$, A_i, A_{i+1})"와 같이 나타냅니다.

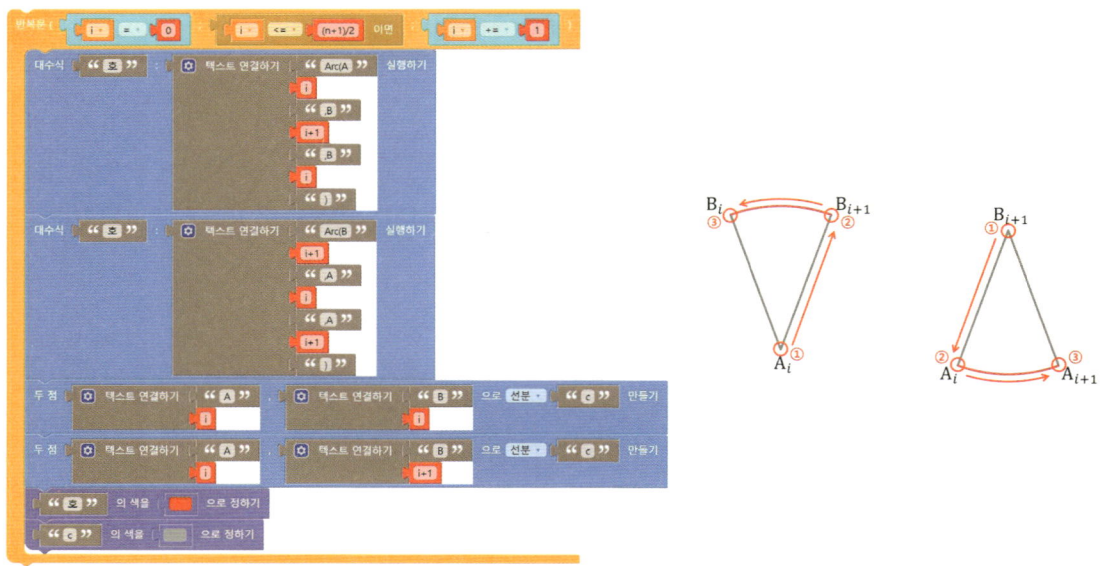

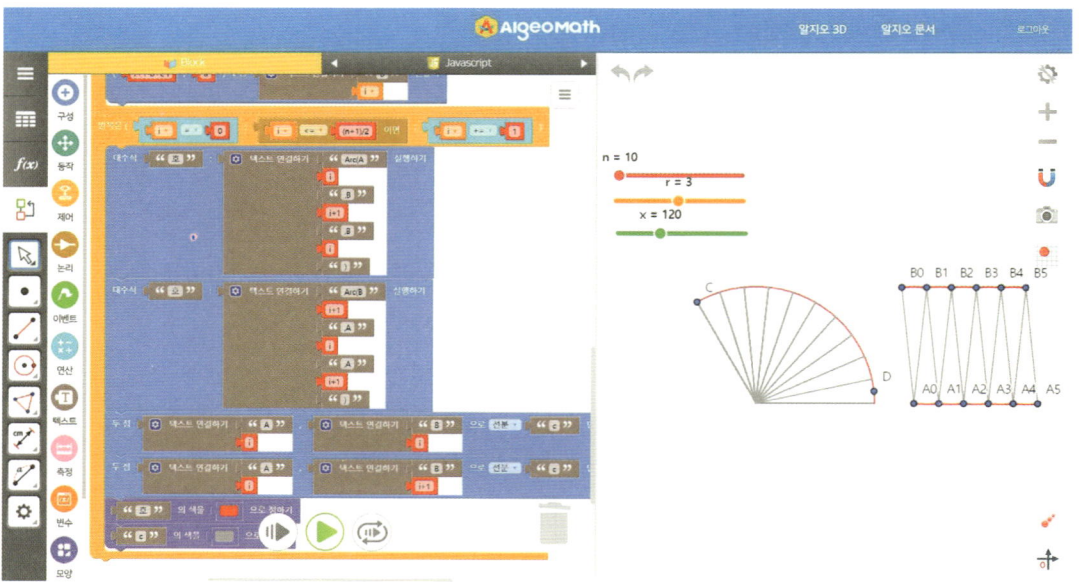

마지막으로 모양블록(⊕)에서 [모든 점 ▼ 을 감추기 ▼]을 이용하여 모든 점과 점의 이름을 감춥니다. 슬라이더의 n, r, x의 값을 변화시키면서 블록코딩을 실행(▶)합니다.

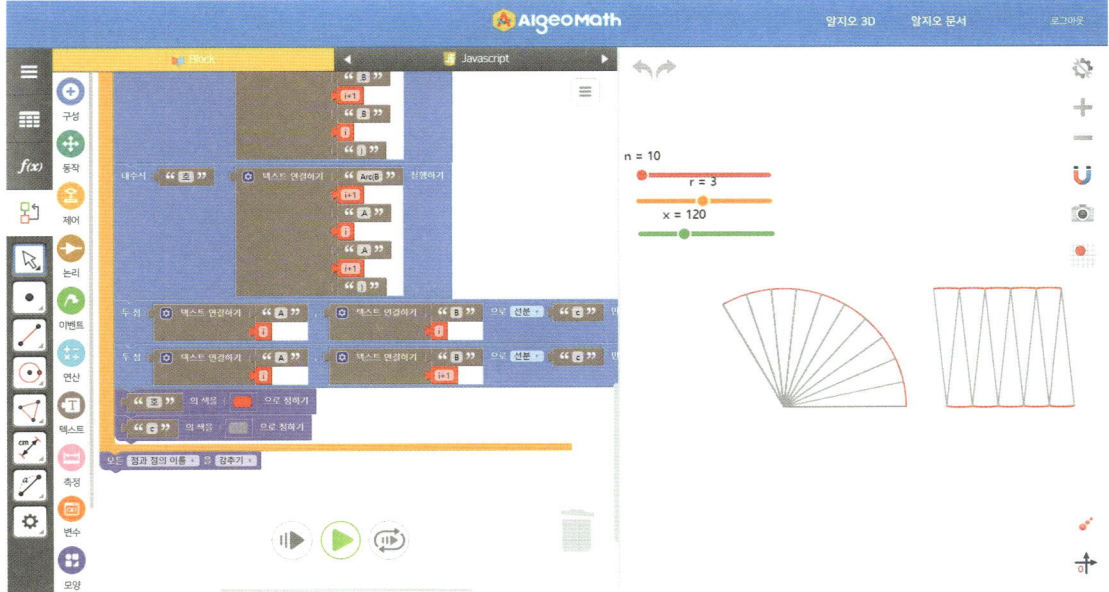

n의 값을 충분히 크게 하면 부채꼴 조각을 재배치한 도형이 직사각형에 가까워집니다.

직사각형 가로의 길이는 부채꼴 호의 길이의 $\frac{1}{2}(=\frac{1}{2}l)$이고, 세로의 길이는 부채꼴 반지름의 길이($=r$)임을 이용하여 부채꼴의 넓이 구하는 또 다른 공식 $\frac{1}{2}rl$을 유도합니다.

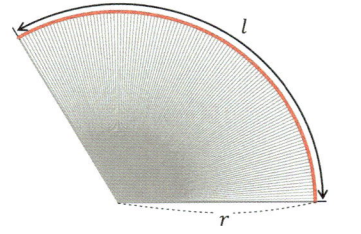 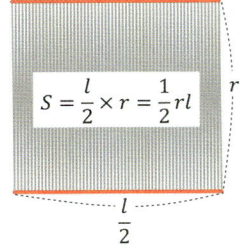

8. 블록코딩으로 부채꼴의 넓이 공식 유도하기

도형과 측정 입체도형의 성질

me2.do/5UrwB5up

9. 알지오3D를 활용한 정다면체가 5가지밖에 없는 이유

활동 의도

정다면체가 5가지밖에 없는 이유를 탐구할 때 많이 사용하는 교구로 4D 프레임, 지오픽스 등이 있습니다. 알지오매스에서도 알지오3D가 생기면서 이러한 탐구활동이 가능하게 되었습니다. 본 활동에서는 알지오3D에서 전개도 접기 도구를 활용하여 정다면체가 5가지밖에 없는 이유를 탐구하고자 합니다.

교육과정 분석

학년	1학년	영역	도형과 측정
성취기준	[9수03-07] 구체적인 모형이나 공학 도구를 이용하여 다면체와 회전체의 성질을 탐구하고, 이를 설명할 수 있다.		
성취기준 적용 시 고려 사항	✔ 간단한 입체도형의 단면을 관찰하는 활동과 전개도를 접어 간단한 입체도형을 만드는 활동을 통해 평면도형과 입체도형의 관계를 직관적으로 이해하게 한다. ✔ 다양한 교구나 공학 도구를 이용하여 도형을 그리거나 만들어 보는 활동을 통해 도형의 성질을 추론하고 토론할 수 있게 한다.		
단원의 지도목표	✔ 다면체와 각뿔대의 뜻을 알고, 그 성질을 이해하게 한다. ✔ 정다면체의 뜻을 알고, 정다면체의 종류를 알게 한다.		
단원의 지도상의 유의점	✔ 다면체는 그 모양이 볼록인 다면체만 다룬다. ✔ 다면체에서 빗각기둥, 빗각뿔은 다루지 않으므로 각기둥은 직각기둥, 각뿔은 직각뿔임에 유의하여 지도한다. ✔ 간단한 입체도형의 단면을 관찰하는 활동과 전개도를 접어 간단한 입체도형을 만드는 활동을 통해 평면도형과 입체도형의 관계를 직관적으로 이해하게 한다. ✔ 공학적 도구나 다양한 교구를 이용하여 도형을 그리거나 만들어 보는 활동을 통해 도형의 성질을 추론하고 토론할 수 있게 한다.		
관련 선행개념	각기둥, 각뿔		

성취수준	수준	성취 수준
	하	다면체의 뜻을 알고, 주어진 다면체의 이름을 말할 수 있다.
	중	주어진 다면체의 성질을 말할 수 있다.
	상	다면체의 예를 제시할 수 있고 각 다면체의 공통점과 차이점을 설명할 수 있다.

활동하기

이 활동에서 필요한 알지오매스 도구

정다면체가 5가지밖에 없는 이유를 알지오 3D를 활용하여 탐구해 봅시다.

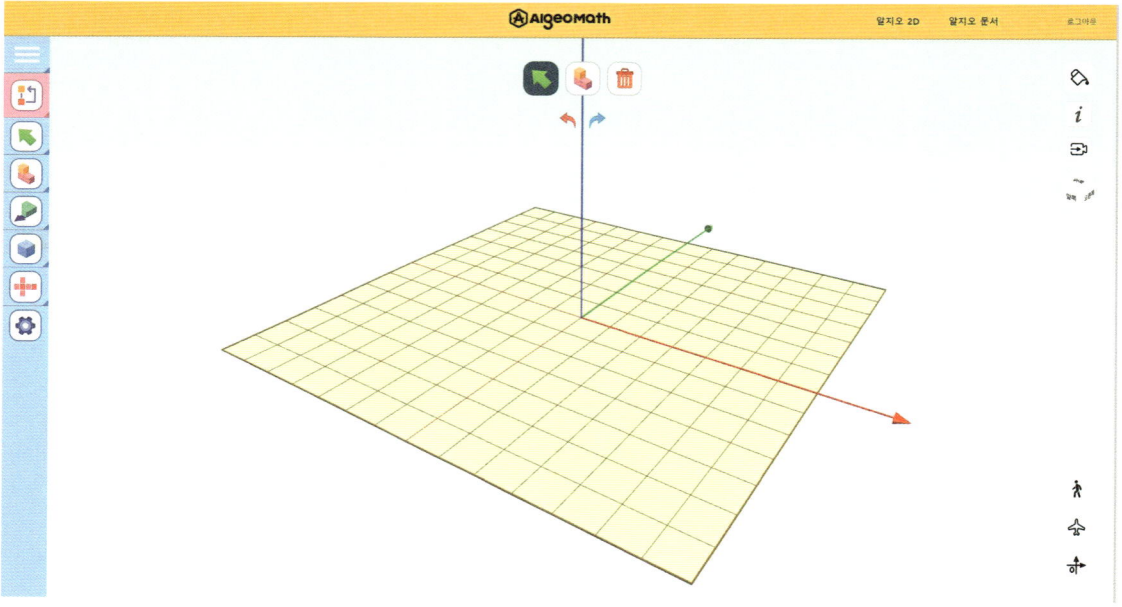

오른쪽 시점 변환 큐브( )에서 '위쪽'을 마우스 왼쪽 버튼으로 클릭하면 시점이 위쪽으로 변경됩니다.

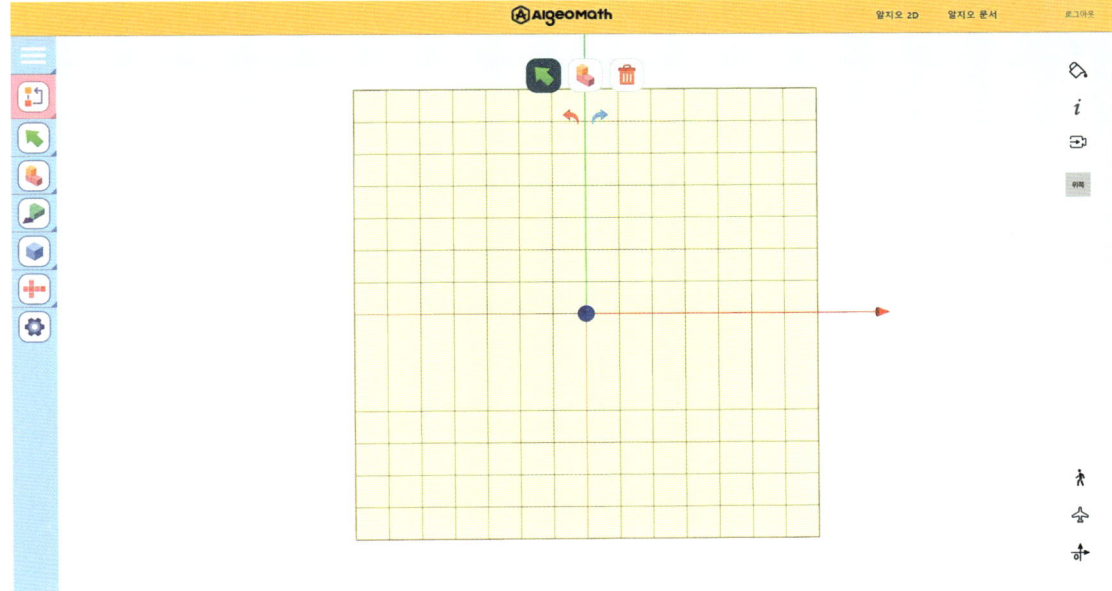

먼저 정삼각형을 이용한 전개도를 그려보겠습니다. 전개도 도구 모음( )에서 정다각형( )을 선택합니다. 밑면의 각의 개수를 3으로 입력하고, '만들기'를 선택합니다. 정삼각형을 이루는 한 변의 양 끝점을 선택하면 반시계 방향으로 정삼각형이 그려집니다. 먼저 정삼각형을 한 개 그립니다. 이어서 그려진 정삼각형의 이웃한 두 꼭짓점을 그림과 같이 선택하여 정삼각형을 이어 붙이면 전개도가 그려집니다. 전개도 그리기가 완료되면 선택모드( )를 선택 후 전개도 중 한 면을 선택합니다. 이 면은 전개도를 선택하거나 '접기' 등에서 기준면으로 사용됩니다.

9. 알지오3D를 활용한 정다면체가 5가지밖에 없는 이유

이어 붙인 정삼각형의 개수를 각각 2개, 3개, 4개, 5개, 6개가 되도록 전개도를 그립니다.

이제 정사각형을 이용한 전개도를 그려보겠습니다. 전개도 도구 모음(+)에서 정다각형(⬠)을 선택합니다. 밑면의 각의 개수를 4로 입력하고, '만들기'를 선택합니다. 정사각형을 이루는 한 변의 양 끝점을 선택하면 반시계 방향으로 정사각형이 그려집니다. 먼저 정사각형을 한 개 그립니다. 이어서 그려진 정사각형의 이웃한 두 꼭짓점을 그림과 같이 선택하여 정사각형을 이어 붙이면 전개도가 그려집니다. 전개도 그리기가 완료되면 선택모드(🖱)를 선택 후 전개도 중 한 면을 선택합니다. 이 면은 전개도를 선택하거나 '접기' 등에서 기준면으로 사용됩니다.

이어 붙인 정삼각형의 개수를 각각 3개, 4개가 되도록 전개도를 그립니다. 같은 방법으로 정오각형을 각각 3개, 4개 이어 붙인 전개도, 정육각형을 3개 이어 붙인 전개도를 만듭니다.

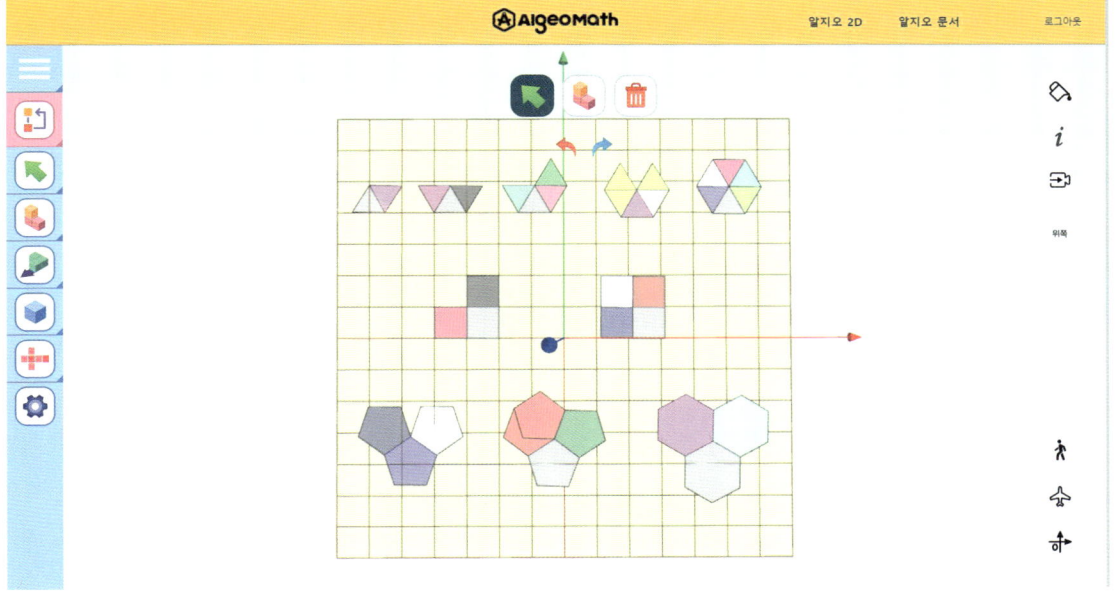

이제 전개도를 이용하여 정다면체가 5가지밖에 없는 이유를 살펴보겠습니다. 위에서 그린 전개도를 접어 다면체가 만들어지는지 확인합니다. 전개도가 잘 접히는지를 확인하기 위해 그리드를 끄겠습니다. 선택 도구 모음( )에서 속성 변경( )을 선택합니다. 그리드_보이기 탭에서 '그리드 '를 해제( )합니다. 다음으로 전개도를 접는 활동을 합니다. 전개도 도구 모음( )에서 접기( )를 선택합니다. 각각의 전개도에서 기준면을 기준으로 한 꼭짓점에서 모든 면이 모이도록 접습니다. 접기 과정은 처음에 상당히 어려울 수 있습니다. 원하는 대로 접기 위해서는 요령이 필요합니다. 충분히 연습할 시간을 줍니다.

이러한 과정을 통해 다음과 같은 사실을 확인하도록 유도합니다.

① 한 꼭짓점에서 3개 이상의 면이 만나야 한다.

② 한 꼭짓점에서 모인 내각의 합은 360°미만이어야 한다.

접기 활동을 통해 위의 두 가지 사실을 만족하는 정다각형은 정삼각형, 정사각형, 정오각형뿐이고, 정삼각형의 경우 3가지, 정사각형의 경우 1가지, 정오각형의 경우 1가지가 존재함을 확인하게 합니다. 각각은 아래 그림과 같이 다섯 가지 정다면체와 하나씩 대응됨을 확인합니다.

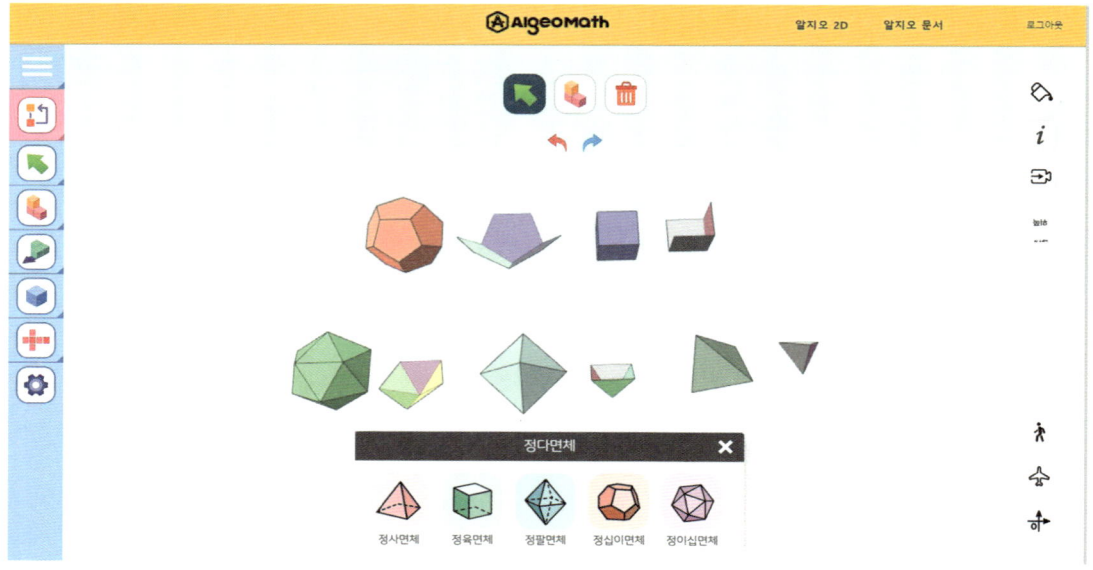

알지오3D의 경우 메뉴(☰)에서 STL출력(⬇)을 누르면 정다면체를 3D 모델(.stl)로 다운받을 수 있습니다. 윈도우 기본 프로그램인 그림판 3D(🎨)를 이용하면 꾸미기도 가능합니다. 재미있게 정다면체를 꾸며보세요.

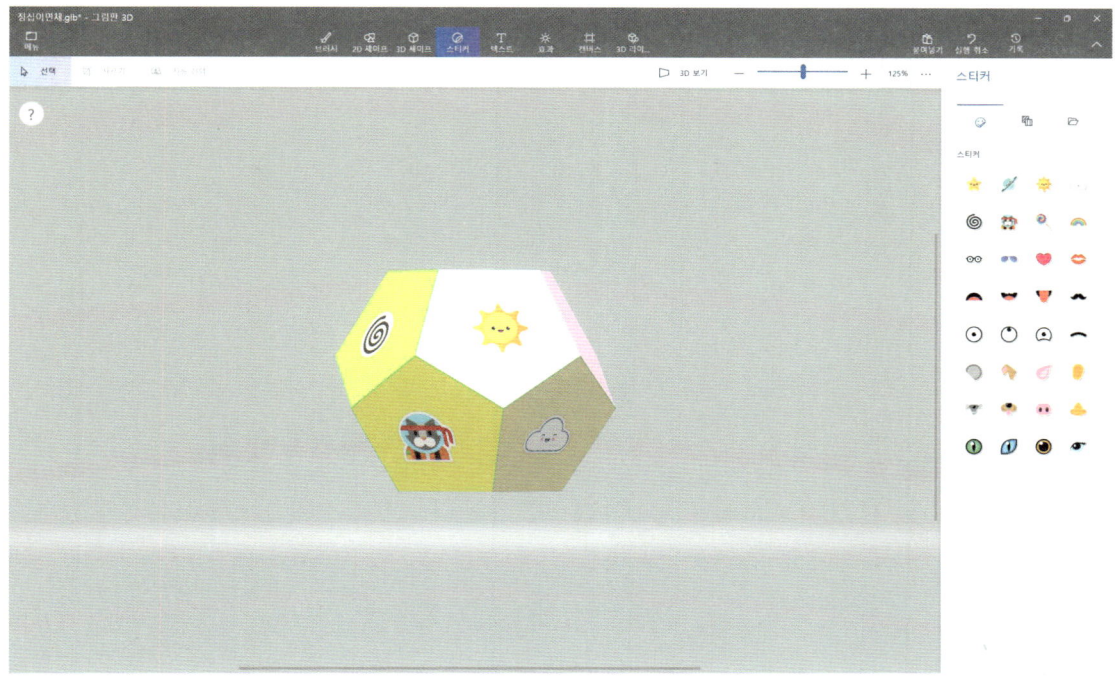

도형과 측정 | 입체도형의 성질

10. 알지오3D를 활용한 회전체 만들기

me2.do/5YaRLv0u
구

me2.do/GWJE4ZPW
원뿔

me2.do/GVN7eiJp
원기둥

me2.do/G87ze6wK
음료수병

활동 의도

알지오3D는 입체도형을 탐구하는 데 유용한 다양한 도구를 포함하고 있습니다. 그 중에서도 회전하기 (+) 기능은 회전체를 나타내는 강력한 도구입니다. 본 활동에서는 평면도형을 회전하여 회전체로 만드는 과정을 소개하고, 회전체를 3D모델로 다운받아 꾸미는 활동을 소개하고자 합니다.

교육과정 분석

학년	1학년	영역	도형과 측정
성취기준	[9수03-07] 구체적인 모형이나 공학 도구를 이용하여 다면체와 회전체의 성질을 탐구하고, 이를 설명할 수 있다.		
성취기준 적용 시 고려 사항	✔ 간단한 입체도형의 단면을 관찰하는 활동과 전개도를 접어 간단한 입체도형을 만드는 활동을 통해 평면도형과 입체도형의 관계를 직관적으로 이해하게 한다. ✔ 다양한 교구나 공학 도구를 이용하여 도형을 그리거나 만들어 보는 활동을 통해 도형의 성질을 추론하고 토론할 수 있게 한다.		
단원의 지도목표	✔ 회전체와 원뿔대의 뜻을 알고, 그 성질을 이해하게 한다.		
단원의 지도상의 유의점	✔ 간단한 입체도형의 단면을 관찰하는 활동과 전개도를 접어 간단한 입체도형을 만드는 활동을 통해 평면도형과 입체도형의 관계를 직관적으로 이해하게 한다. ✔ 회전체 단면의 모양은 회전체의 성질을 이해하는 데 필요한 정도로 다룬다. ✔ 공학적 도구나 다양한 교구를 이용하여 도형을 그리거나 만들어 보는 활동을 통해 도형의 성질을 추론하고 토론할 수 있게 한다.		
관련 선행개념	원기둥, 원뿔, 구		

수준	성취 수준
하	회전체의 뜻을 알고, 주어진 평면도형으로부터 만든 회전체가 어떤 도형인지 말할 수 있다.
중	주어진 회전체의 성질을 말할 수 있다.
상	회전체의 예를 제시할 수 있고 각 회전체의 공통점과 차이점을 설명할 수 있다.

성취수준

활동하기

이 활동에서 필요한 알지오매스 도구

알지오 3D에는 회전하기(⊕) 기능이 있습니다. xy-평면에 평면도형을 그리고, 회전하기(⊕)를 이용하면 평면도형을 y축을 회전축으로 한 회전체로 만들 수 있습니다. 알지오 3D를 실행하고, 시점 변환 큐브(◎)에서 '위쪽'을 마우스 왼쪽 버튼으로 클릭하면 시점이 위쪽으로 변경됩니다.

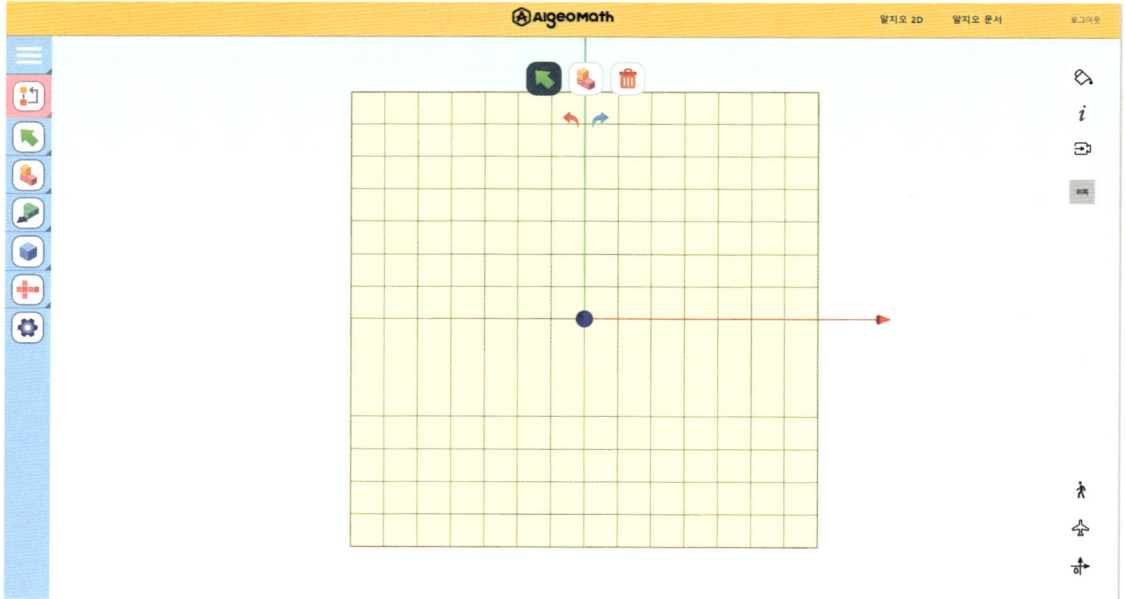

먼저 원기둥을 만들어 보겠습니다. 전개도 도구 모음(➕)에서 다각형(◆)을 선택합니다. 그림과 같이 한 변이 y축에 맞닿아 있는 직사각형을 그립니다.

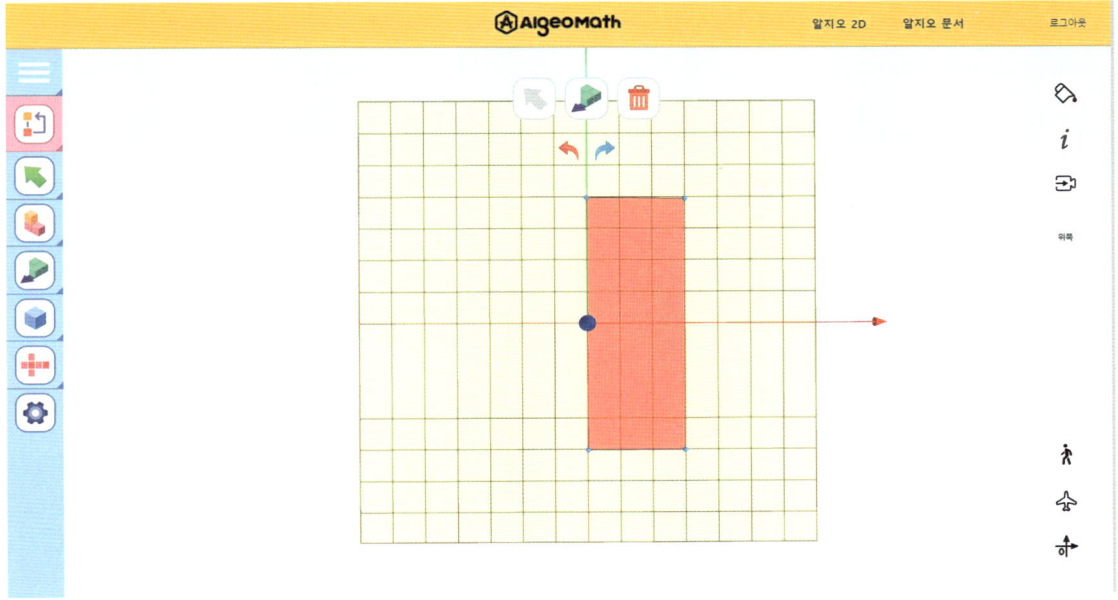

전개도 도구 모음(➕)에서 회전하기(➕)를 선택한 후 직사각형(평면도형)을 선택하고, 초록색 축(y축) 기준으로 회전(🔄)을 선택하면 그림과 같이 직사각형이 y축을 기준으로 회전하면서 원기둥이 만들어집니다.

이제 원뿔을 만들어 보겠습니다. 전개도 도구 모음( )에서 다각형( )을 선택합니다. 그림과 같이 직각을 낀 두 변 중 한 변이 y축에 맞닿아 있는 직각삼각형을 그립니다.

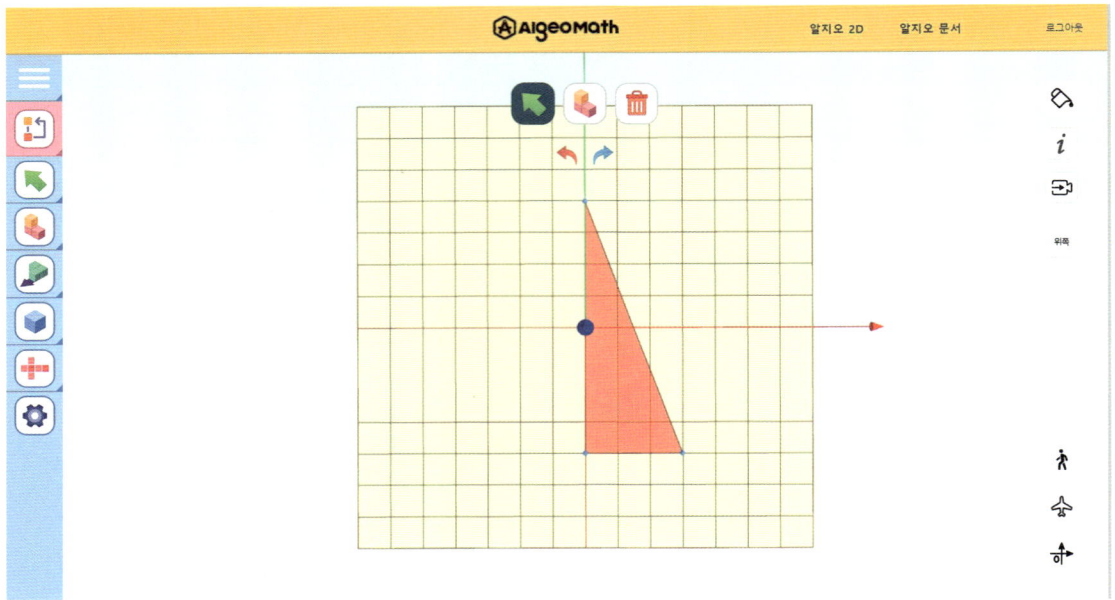

전개도 도구 모음( )에서 회전하기( )를 선택한 후 직각삼각형(평면도형)을 선택하고, 초록색 축(y축) 기준으로 회전( )을 선택하면 그림과 같이 직각삼각형이 y축을 기준으로 회전하면서 원뿔이 만들어집니다.

이제 구를 만들어 보겠습니다. 알지오3D에서는 곡선을 나타낼 수 있는 평면도형이 존재하지 않습니다. 구를 나타낼 평면도형 역시 다각형 도구()를 이용해야 합니다. 정확한 '구'라고 할 수는 없지만 다각형을 이용해서 회전체를 만들어 보겠습니다. 전개도 도구 모음()에서 다각형()을 선택합니다. 그림과 같이 y축에 지름이 맞닿아 있는 반원을 그립니다.

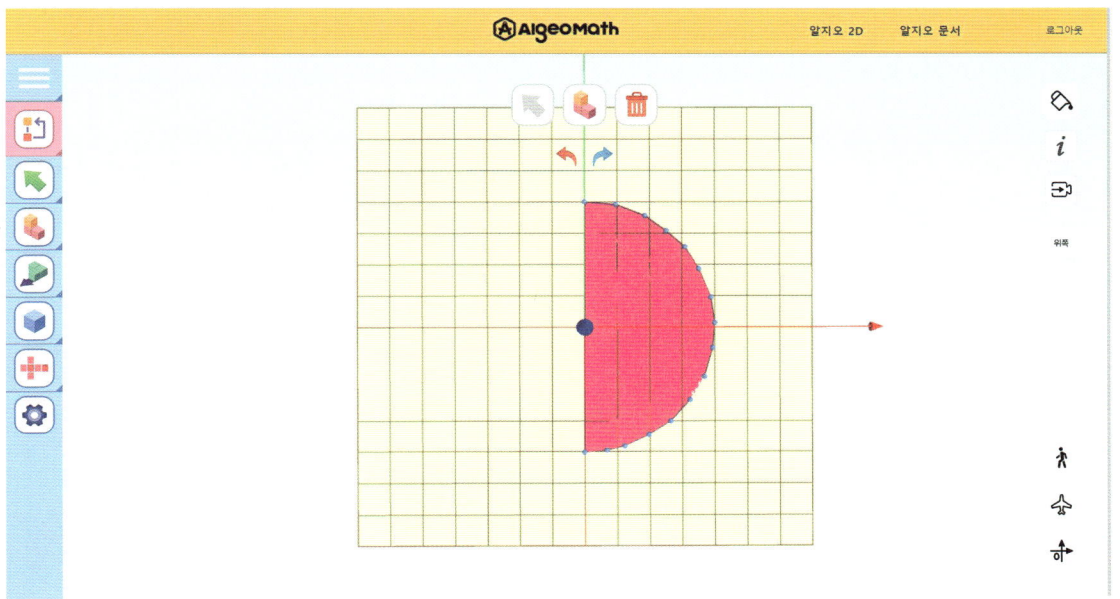

반원을 정확히 그리기가 어려울 때는 입체도형 도구 모음()에서 구()를 이용하여 반원을 그립니다. 먼저 구를 나타내고, 선택모드() 상태에서 크기모드()와 이동모드()를 이용하여 구의 크기를 키우고, 구의 중심이 원점에 위치하도록 옮깁니다.

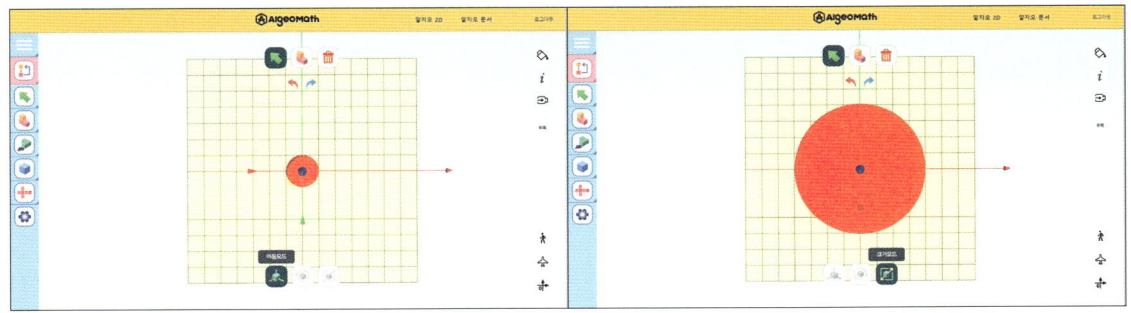

이 상태에서 다각형()을 이용하여 구의 경계를 따라 반원을 그리면 조금 더 완성도 있는 반원을 나타낼 수 있습니다. 반원을 그린 후에는 삭제모드()에서 구를 삭제합니다.

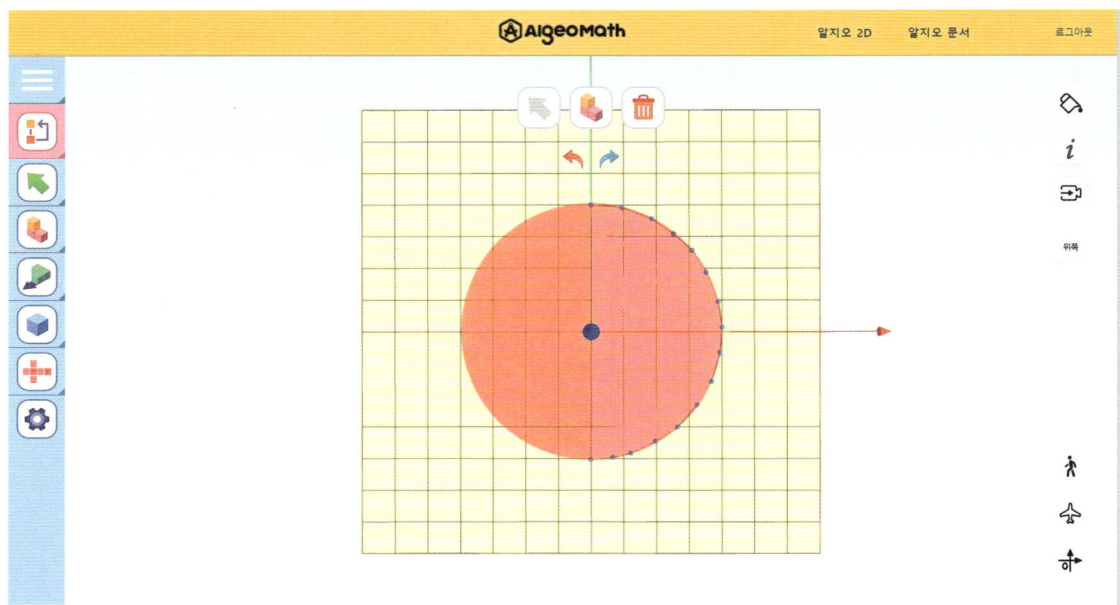

　전개도 도구 모음(➕)에서 회전하기(➕)를 선택한 후 반원(평면도형)을 선택하고, 초록색 축(y축) 기준으로 회전(🔄)을 선택하면 그림과 같이 반원이 y축을 기준으로 회전하여 구가 만들어집니다.

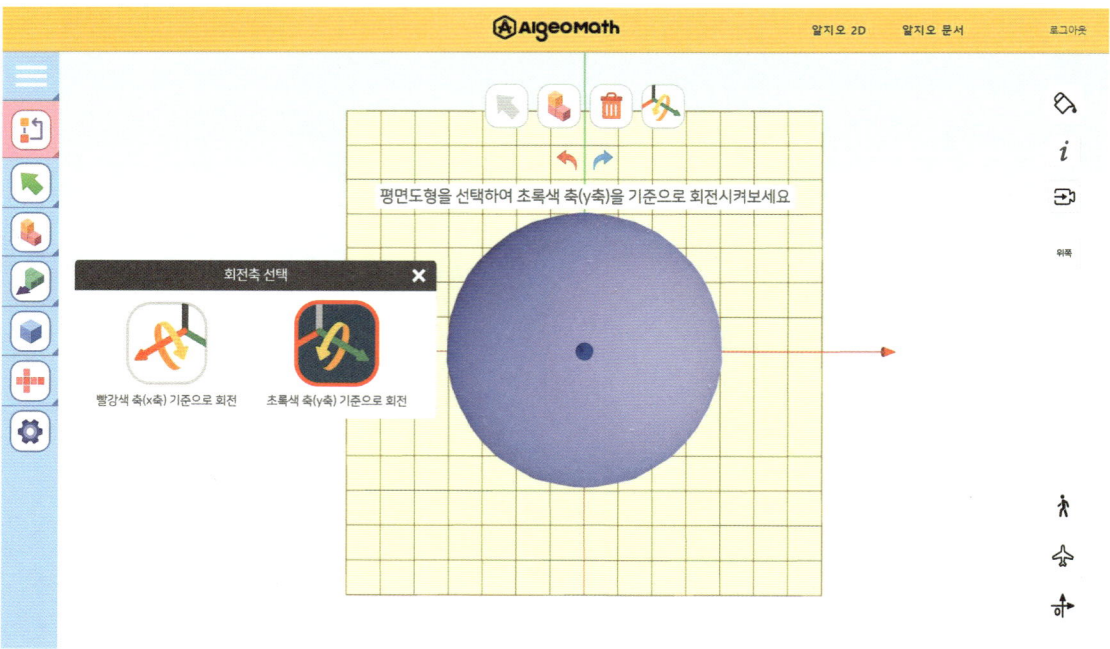

음료수병과 같은 실생활에서 볼 수 있는 회전체를 만들어 보는 활동도 할 수 있습니다. 학생들에게 회전체를 보여주고, 이를 만들 수 있는 평면도형을 나타내보도록 합니다.

전개도 도구 모음( )에서 회전하기( )를 선택한 후 평면도형을 선택하고, 초록색 축(y축) 기준으로 회전( )을 선택하여 회전체가 제대로 만들어지는지 확인합니다.

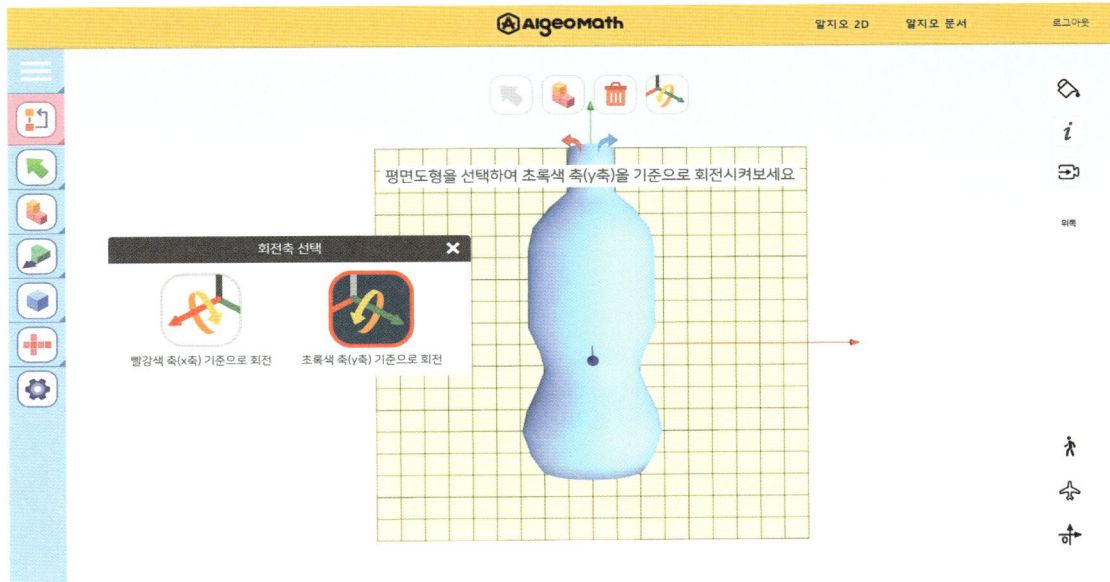

메뉴(☰)에서 STL출력(⬇)을 누르면 회전체를 3D 모델(.stl)로 다운받을 수 있습니다. 윈도우 기본 프로그램인 그림판 3D(🎨)를 이용하면 꾸미기도 가능합니다. 재미있게 회전체를 만들고 꾸며보세요.

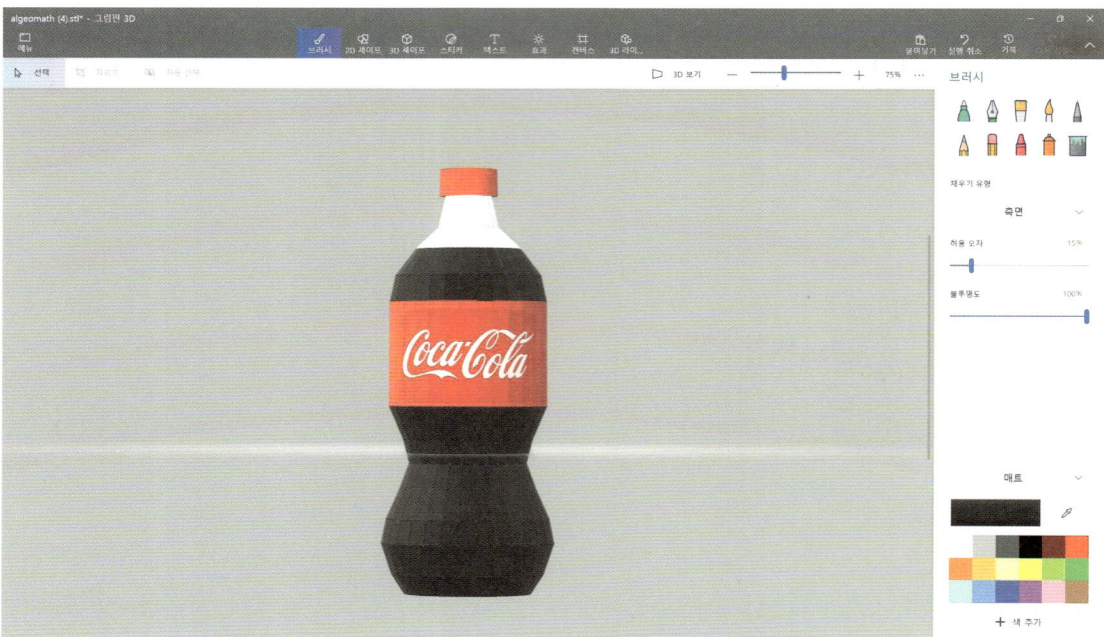

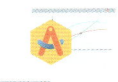

자료와 가능성 자료의 정리와 해석

11. 알지오매스를 활용한 통계 자료 만들기

me2.do/GpfubcSv

활동 의도

통계 단원에서 그래프를 그릴 때 통계 자료를 만드는 일은 언제나 번거로운 일입니다. 교과서 문제나 예제에도 통계 자료가 있지만, 시간이 지나 시기에 맞지 않는 자료도 있고, 바로 만들어진 통계 자료에 비해 생동감이 느껴지지 않습니다. 알지오매스의 '블록코딩'과 '확률실험'은 통계 자료를 생성할 수 있는 좋은 도구입니다. 본 활동에서는 줄기와 잎 그림, 도수분포표, 히스토그램 등 중학교 1학년에서 배우는 각 통계 그래프를 나타내기 위한 통계 자료를 알지오매스로 만드는 과정을 소개하고자 합니다.

교육과정 분석

학년	1학년	영역	자료와 가능성
성취기준	[9수04-02] 자료를 줄기와 잎 그림, 도수분포표, 히스토그램, 도수분포다각형으로 나타내고 해석할 수 있다.			
성취기준 적용 시 고려 사항	✔ '자료와 가능성' 영역에서는 용어와 기호로 '변량, 대푯값, 중앙값, 최빈값, 줄기와 잎 그림, 계급, 계급의 크기, 도수, 도수분포표, 히스토그램, 도수분포다각형, 상대도수, 사건, 확률, 산포도, 편차, 분산, 표준편차, 사분위수, 상자그림, 산점도, 상관관계'를 다룬다. ✔ 눈금 등을 부적절하게 사용하여 자료를 부정확하게 나타낸 표나 그래프에서 오류를 찾는 활동을 통해 비판적으로 사고하는 태도를 갖게 한다.			
단원의 지도목표	✔ 자료를 줄기와 잎 그림으로 나타내고 해석할 수 있게 한다. ✔ 자료를 도수분포표로 나타내고 해석할 수 있게 한다. ✔ 자료를 히스토그램과 도수분포다각형으로 나타내고 해석할 수 있게 한다. ✔ 공학적 도구를 이용하여 실생활과 관련된 자료를 수집하고 표나 그래프로 정리하고 해석할 수 있게 한다.			
단원의 지도상의 유의점	✔ 다양한 상황에서 자료를 수집하게 하고, 수집한 자료가 적절한지 판단하게 한 후, 자신의 판단 근거를 설명해 보게 한다. ✔ 다양한 상황의 자료를 표나 그래프로 나타내고, 그 분포의 특성을 설명할 수 있게 한다.			
관련 선행개념	막대그래프, 꺾은선그래프, 비율, 이상, 이하, 초과, 미만			

성취수준	수준	성취 수준
	하	줄기와 잎 그림을 보고 자료의 분포와 특징을 찾을 수 있다.
	중	자료를 줄기와 잎 그림으로 정리할 수 있다.
	상	생활 주변에서 줄기와 잎 그림의 원리가 사용된 일상생활 속의 사례를 찾고, 자료의 분포 상태를 파악하기 적절하게 줄기를 정할 수 있다.
	수준	성취 수준
	하	도수분포표를 보고 자료의 분포와 특징을 찾을 수 있다. 공학적 도구를 이용하여 주어진 자료를 도수분포표로 정리할 수 있다.
	중	자료를 도수분포표로 정리할 수 있다. 공학적 도구를 이용하여 실생활과 관련된 자료를 도수분포표로 정리할 수 있다.
	상	생활 주변에 있는 복잡한 자료를 분류, 정리하여 도수분포표로 나타내고, 자료의 특징을 파악함에 있어 도수분포표가 유용한 방법임을 인식할 수 있다. 공학적 도구를 이용하여 실생활과 관련된 자료를 도수분포표로 정리하고 해석할 수 있다.

활동하기

이 활동에서 필요한 알지오매스 도구

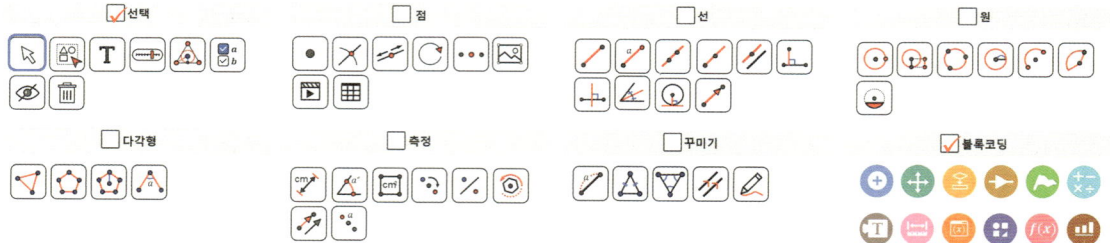

활동1   리스트 블록을 활용하여 통계 자료 만들기

리스트 블록을 활용하여 학급의 신발 사이즈에 대한 통계 자료를 생성하고자 합니다. 먼저 블록코딩(🔲)을 실행합니다. 다음으로 학급 인원수를 변수로 설정하겠습니다. 변수블록(🔲)의 `변수 만들기...`을 선택하여 변수 n을 추가합니다.

`i 를 2 로 정하기`과 텍스트블록(T)의 `메시지를 활용해 수 입력 [입력하세요]`을 활용하여 다음과 같이 블록을 만듭니다.

`n 를 메시지를 활용해 수 입력 [학급 인원수를 입력하세요] 로 정하기`

변수블록(🔲)의 `변수 만들기...`, `변수 "k" / 변수 시작값 1 / 수식 "2k+1" / 증분 1 / 길이 5`, `i 를 2 로 정하기`을 이용하여 신발 사이즈를 리스트로 만들겠습니다. `변수 만들기...`을 선택하여 '신발 사이즈'를 변수로 추가합니다. `변수 "k" / 변수 시작값 1 / 수식 "2k+1" / 증분 1 / 길이 5`을

이용하여 학생의 신발 사이즈를 225부터 285까지 5 간격으로 나타내려고 합니다. '변수$= k$, 변수 시작값 $= 0$, 수식$= 225 + 5k$, 증분$= 1$, 길이$= \dfrac{285-225}{5} + 1 = 13$'을 입력하면 $\{225, 230, 235, \cdots, 285\}$가 리스트로 만들어집니다. `i 를 2 로 정하기`에서 변수를 '신발 사이즈'로 변경하고 그림과 같이 생성한 리스트 블록을 끼우면 리스트가 '신발 사이즈'라는 이름으로 만들어집니다.

`신발 사이즈 를 / 변수 "k" / 변수 시작값 0 / 수식 "225+5k" / 증분 1 / 길이 13 로 정하기`

이제 통계블록(📊)의 `표 "표1" 의 셀( 0 , 1 ) 에 값 "코끼리" 입력하기`을 활용하여 학급 인원수만큼 '신발 사이즈'의 값을 랜덤으로 '표'에 입력하겠습니다. 이를 위해서는 알지오매스 표에서 셀 위치에 대한 이해가 필요합니다. 알지오매스에서 통계 메뉴(📊)를 선택하면 아래 그림과 같이 스프레드시트 형태의 표

11. 알지오매스를 활용한 통계 자료 만들기

화면이 나타납니다. 각 셀의 위치는 그림과 같이 순서쌍 '(열번호, 행번호)'형태로 나타낼 수 있습니다.

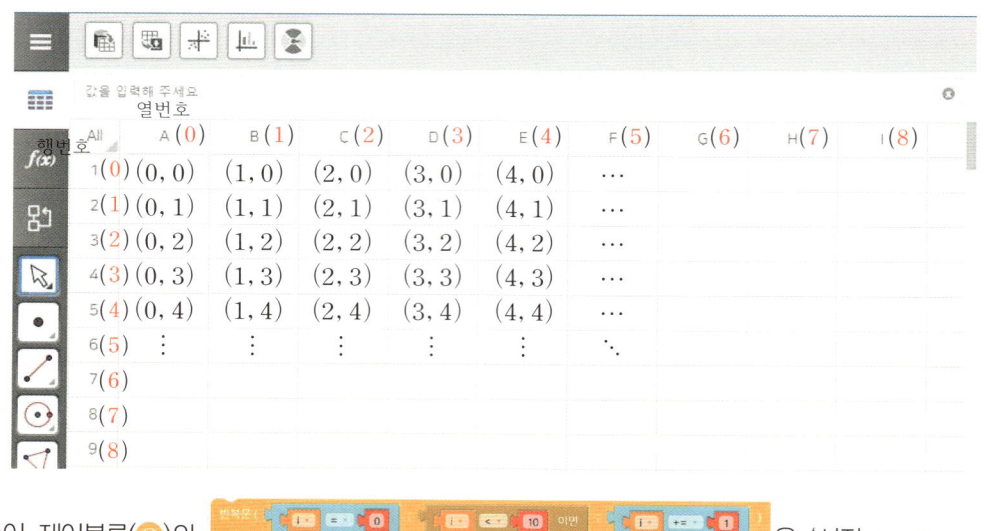

예를 들어 제어블록(🔶)의 ![블록] 을 '시작 $i=0$,

끝 $i<n$ 규칙 $i+=1$'으로 설정하고, ![블록] 에서 다음과 같이 셀의 위치를 $(0, i)$로 설정하여 끼우면 팝업메시지로 설정한 학급 인원수 n의 값만큼 표에서 셀 $(0, i)(i=0, 1, \cdots, n-1)$에 '코끼리'가 입력됩니다.

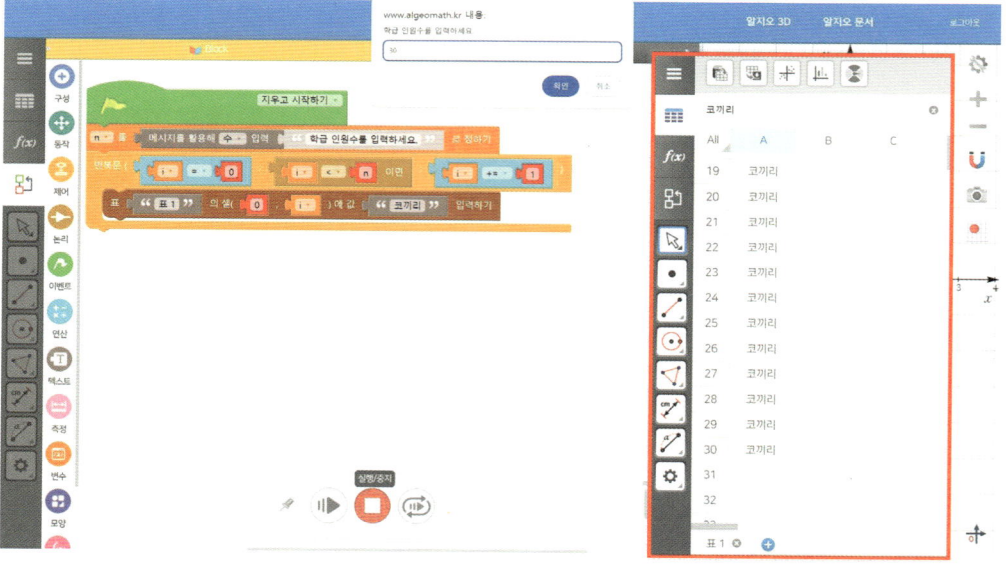

92 알지오매스 활용 중학교 수학 프로젝트 활동

이제 '코끼리' 대신 리스트 '신발 사이즈'의 임의의 값이 표에 입력되도록

[리스트 리스트▼ 가져오기 #▼ 0], [리스트 i▼ 의 길이], [1 이상 100 이하의 임의의 정수],

[5 +▼ 5] 을 이용하여 블록을 짜보겠습니다. 먼저 n개의 값으로 정의된 리스트에서 #0(1번째)부터 #($n-1$)(n번째)까지의 값을 불러오는 규칙을 이해해야 합니다. 위에서 정의한 리스트 '신발 사이즈'의 값을 나열하면 $\{225, 230, 235, 240, 245, 250, 255, 260, 265, 270, 275, 280, 285\}$이고, 리스트 값이 순서대로 225(#0, 첫 번째), 230(#1, 두 번째), 235(#2, 세 번째), …, 285(#12, 열세 번째)와 같이 매칭됩니다. 그림과 같이 [리스트 i▼ 의 길이], [1 이상 100 이하의 임의의 정수] 을 이용하여 '0이상 (리스트의 길이 − 1)이하의 임의의 정수'번째 리스트의 값을 불러오면 우리가 원하는 블록이 완성됩니다.

이제 위의 블록을 종합하여 다음과 같이 블록을 완성해보세요.

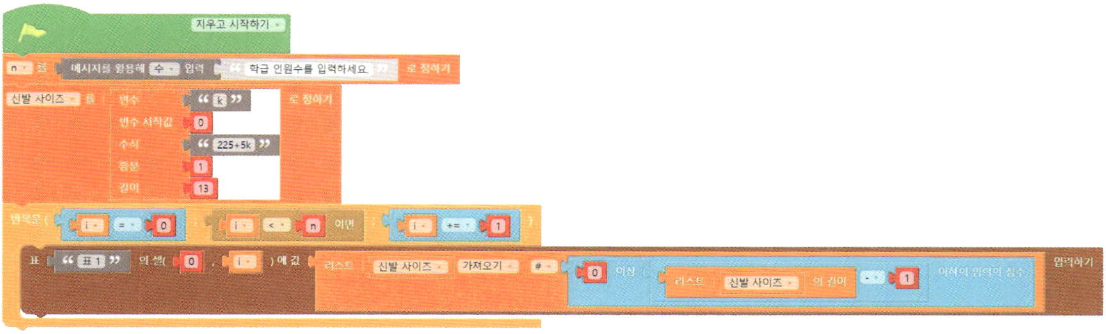

이제 블록코딩을 실행(▶)합니다. 팝업창에 학급 인원수를 입력하고 '확인'을 선택합니다. 통계 메뉴(▦)의 A열에 값이 정상적으로 입력되어 있는지 확인하고, '데이터 내보내기(⬚)_xlsx로 내보내기'를 선택합니다.

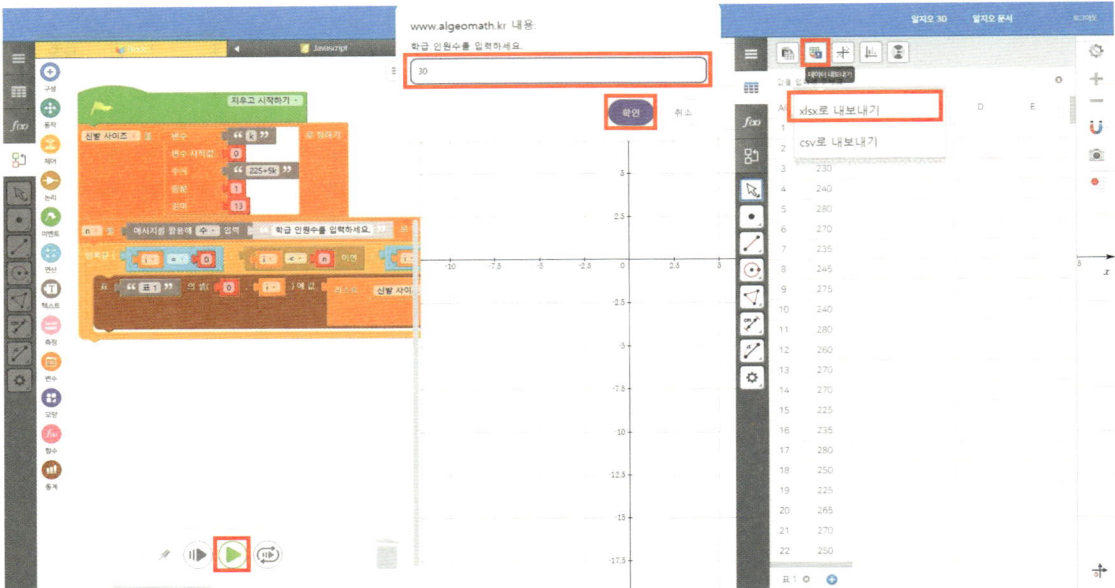

다운받은 엑셀(xlsx) 파일을 열고, 데이터를 드래그하여 선택 후 복사(Ctrl+C)합니다. 통그라미를 실행한 후 첫 번째 셀에 붙여넣기(Ctrl+V)합니다. 변수명은 '신발 사이즈'로 변경합니다.

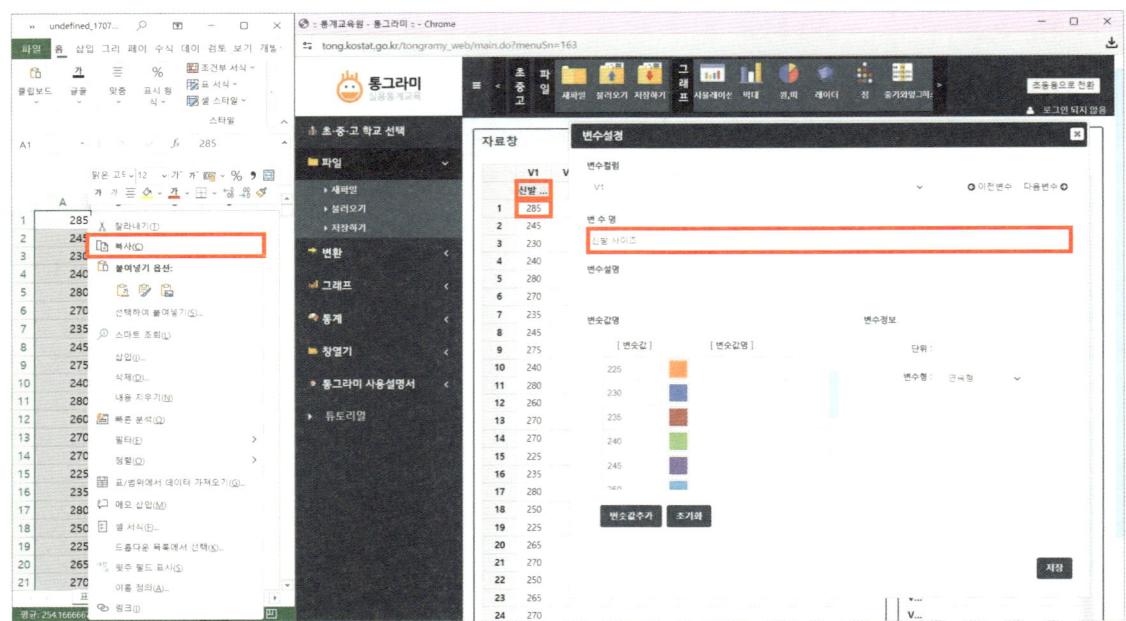

통그라미 메뉴에서 '그래프_줄기와 잎 그림'을 선택하고, 변수(V1 : 신발 사이즈)를 분석 변수에 추가합니다. 확인을 누르면 줄기와 잎 그림이 완성됩니다. 우측 설정 칸에서 줄기의 자릿수를 선택할 수 있습니다.

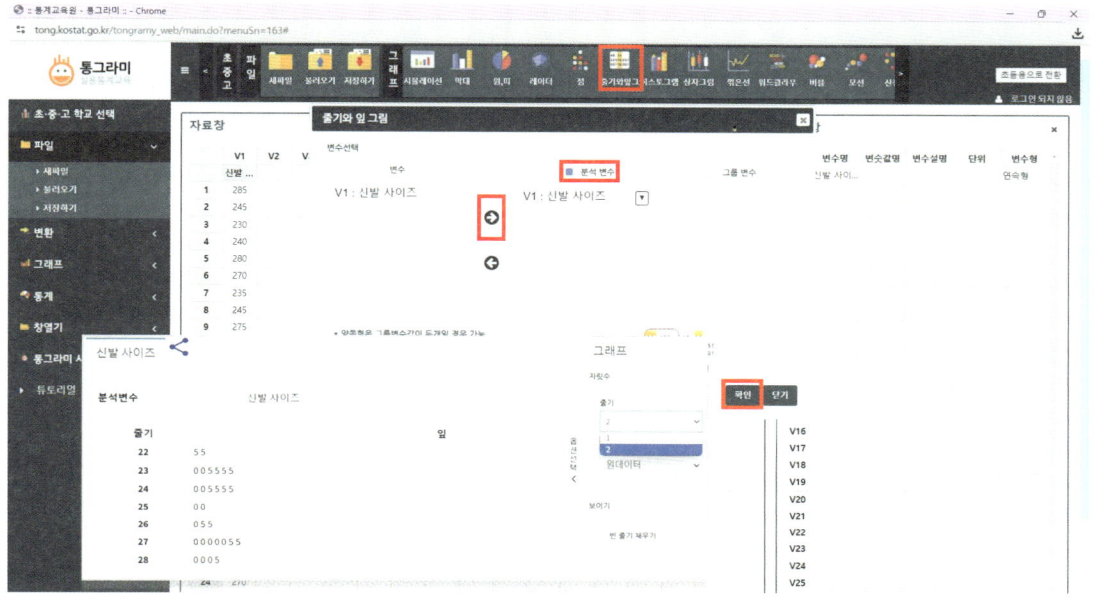

또한, 통그라미 메뉴에서 '통계_도수분포표'를 선택하고, 변수(V1 : 신발 사이즈)를 분석 변수에 추가합니다. 계급의 시작값, 계급의 크기를 입력 후 확인을 누르면 도수분포표가 완성됩니다. 계급의 시작값, 계급의 크기를 수정하면 도수분포표의 변화를 관찰할 수도 있습니다.

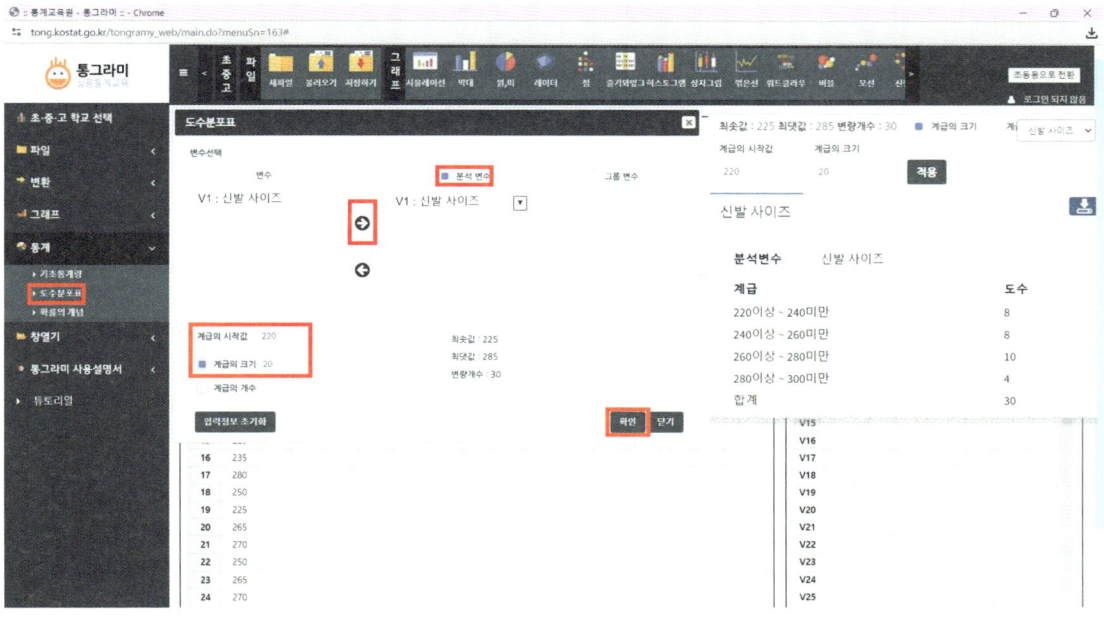

11. 알지오매스를 활용한 통계 자료 만들기

활동2 확률실험_'공뽑기'를 활용하여 통계 자료 만들기

통계 메뉴(▦)에서 확률실험 열기(🎯)를 통해 블록코딩 없이 통계 자료를 만들 수 있습니다. 확률실험에서 '공뽑기'를 선택하고, 속도는 '빠름', '1'개의 아이템, '무한' 번 표본 추출 반복을 선택합니다. 복원 추출 상태에서 ➕를 눌러 공의 개수를 원하는 수만큼 늘리고, ⋯를 선택한 후 값에 225부터 285까지 5간격으로 입력 후 '적용'을 누릅니다. '시작'을 누르면 표에 추출된 값이 연속적으로 채워집니다. 일정 시간이 지나 원하는 개수만큼 값이 채워지면 '멈춤'을 선택합니다. '활동1'에서와 마찬가지로 '데이터 내보내기(📊)_xlsx로 내보내기'를 선택하여 파일을 내려받고, 통그라미에서 통계 그래프를 그립니다.

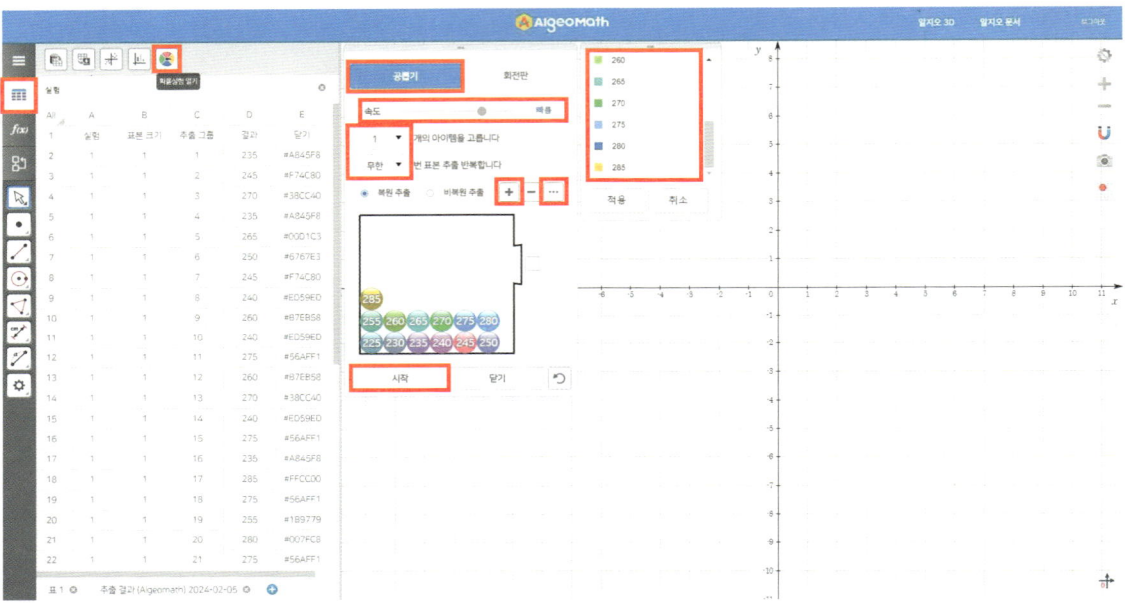

활동3 확률실험_회전판을 활용하여 통계 자료 만들기

확률실험 열기( )에서 '회전판'은 '공뽑기'보다 다양한 옵션을 제공합니다. '공뽑기'에서는 각 공이 뽑힐 확률이 똑같지만, '회전판'은 각 값이 나올 확률을 조정할 수 있습니다. T-셔츠 사이즈에 대해 다음과 같이 비율을 달리하여 자료를 만들어 보겠습니다.

사이즈	비율
80	10%
85	15%
90	20%
95	30%
100	15%
105	10%
합계	100%

확률실험에서 '회전판'을 선택하고, 속도는 '빠름', '1'개의 아이템, '무한' 번 표본 추출 반복을 선택합니다. '바늘이 회전' 상태에서 ⊞를 눌러 판의 개수를 원하는 수만큼 늘리고, ⋯를 선택한 후 값에 80, 85, 90, 95, 100, 105를 입력 후 비율를 각각 10%, 15%, 20%, 30%, 15%, 10%로 입력합니다. '적용'을 누르고, '시작'을 누르면 표에 추출된 값이 연속적으로 채워집니다. 일정 시간이 지나 원하는 개수만큼 값이 채워지면 '멈춤'을 선택합니다. '활동2'에서와 마찬가지로 '데이터 내보내기( )_xlsx로 내보내기'를 선택하여 파일을 내려받고, 통그라미에서 통계 그래프를 그립니다.

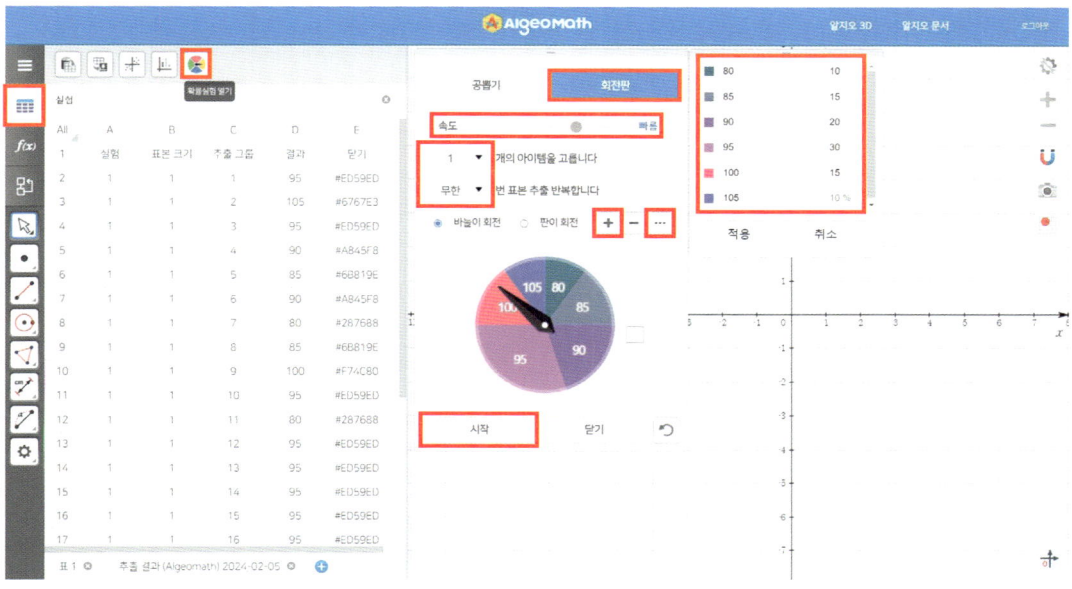

변화와 관계 일차함수와 그 그래프

12. 자취 기능을 활용한 일차함수의 그래프 그리기

활동 의도

중학교 2학년에서는 함수식으로 그래프로 나타내는 활동이 처음 시작됩니다. 함수 $y=f(x)$가 주어지면 변수 x의 값에 대한 함숫값 $f(x)$를 구하고, 좌표평면 위에 점 $(x, f(x))$을 찍어 그래프로 나타냅니다. 이때 변수 x의 값은 '수 전체'를 대상으로 합니다. 중학교 2학년은 유리수 범위까지 배웠기 때문에 일차함수 그래프를 그릴 때 '수 전체'라 함은 '유리수 전체'를 뜻합니다. 유리수의 개수는 무수히 많아서 모든 점 $(x, f(x))$을 좌표평면에 찍어 그래프를 그리는 것은 물리적으로 불가능합니다. 그래서 함수의 그래프 그리기를 지도할 때 x의 범위를 '정수 → 유리수'로 확장하면서 점의 개수를 늘려가고 x가 수 전체일 때 함수 $y=f(x)$의 그래프의 모양이 어떻게 될지 규칙을 찾게 하고 있습니다. 알지오매스에서는 자취를 이용해서 점을 찍는 기능이 있습니다. 본 활동에서는 자취 기능을 활용하여 그래프를 그리는 활동을 소개하고자 합니다.

교육과정 분석

학년	2학년	영역		도형과 측정
성취기준	[9수02-15] 일차함수의 개념을 이해하고, 그 그래프를 그릴 수 있다. [9수02-16] 일차함수의 그래프의 성질을 이해하고, 이를 활용하여 문제를 해결할 수 있다.			
성취기준 적용 시 고려 사항	✔ 함수의 개념은 다양한 상황에서 한 양이 변함에 따라 다른 양이 하나씩 정해지는 두 양 사이의 대응 관계를 이용하여 도입한다. ✔ 다양한 상황을 이용하여 일차함수와 이차함수의 의미를 다룬다. ✔ 공학 도구를 이용하여 함수의 그래프를 그리거나 함수의 그래프의 성질을 탐구하게 한다.			
단원의 지도목표	✔ 일차함수와 평행이동의 의미를 이해하고, 이를 이용하여 그래프를 그릴 수 있게 한다. ✔ 일차함수의 그래프에서 x절편, y절편, 기울기의 뜻을 알고, 이를 이용하여 일차함수의 그래프를 그릴 수 있게 한다.			
단원의 지도상의 유의점	✔ 다양한 상황을 표, 식, 그래프로 나타내고, 설명하게 한다.			

관련 선행개념	일차식, 정비례, 연립방정식	
성취수준	수준	성취 수준
	하	주어진 함수에서 일차함수를 찾을 수 있고, 주어진 표를 이용하여 일차함수의 그래프를 그릴 수 있다.
	중	일차함수의 의미를 말할 수 있고, 일차함수의 평행이동을 이용하여 그래프를 그릴 수 있다.
	상	실생활에서 일차함수 관계인 예를 제시할 수 있고, 일차함수의 평행이동을 이용하여 그래프를 그릴 수 있다.

활동하기

이 활동에서 필요한 알지오매스 도구

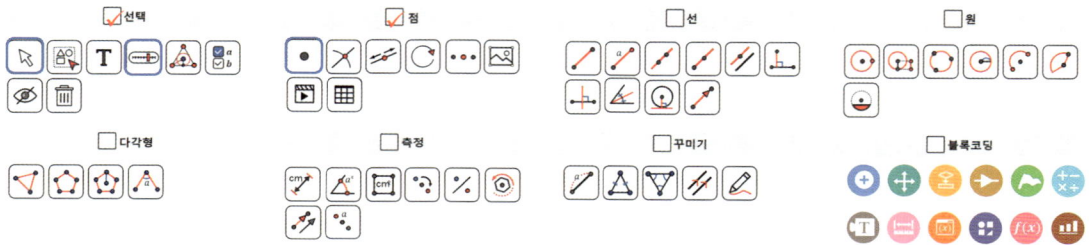

환경설정(⚙)에서 그리드(▦)의 설정을 변경합니다. '그리드 보기 설정'에서 '소격자'를 체크해제(■)합니다. 그리고 x, y축 범위를 설정(◯)합니다.

선택 메뉴(▷)에서 슬라이더(━)를 이용하여 슬라이더 a, b, c를 삽입합니다. 초깃값은 $a=1$, $b=1$, $c=1$입니다. a, b, c는 각각 일차함수 $y=ax+b$에서 '기울기 a', 'y절편 b', '변수 x의 값'을 뜻합니다.

- 슬라이더 a, b는 '간격 단위: 1, 최솟값: -5, 최댓값: 5'
- 슬라이더 c는 '간격 단위: 1, 최솟값: -10, 최댓값: 10'

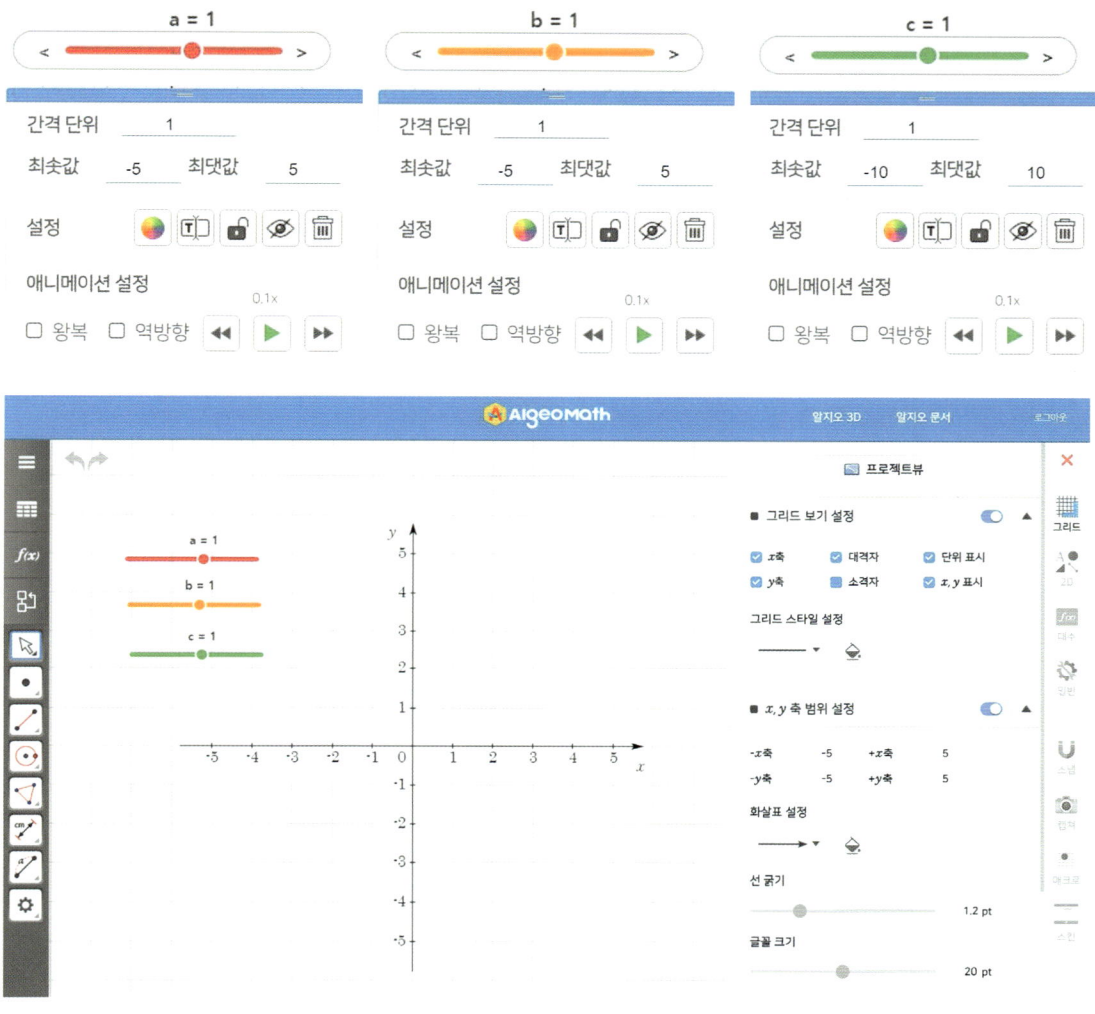

대수창(fx)에 ➕ $(c, ac+b)$ 을 입력하여 점 $A(c, ac+b)$를 생성합니다. 점 A는 일차함수 $y = ax + b$ 위의 점으로서 슬라이더 a, b, c의 값에 따라 위치가 달라진다는 것을 확인할 수 있습니다.

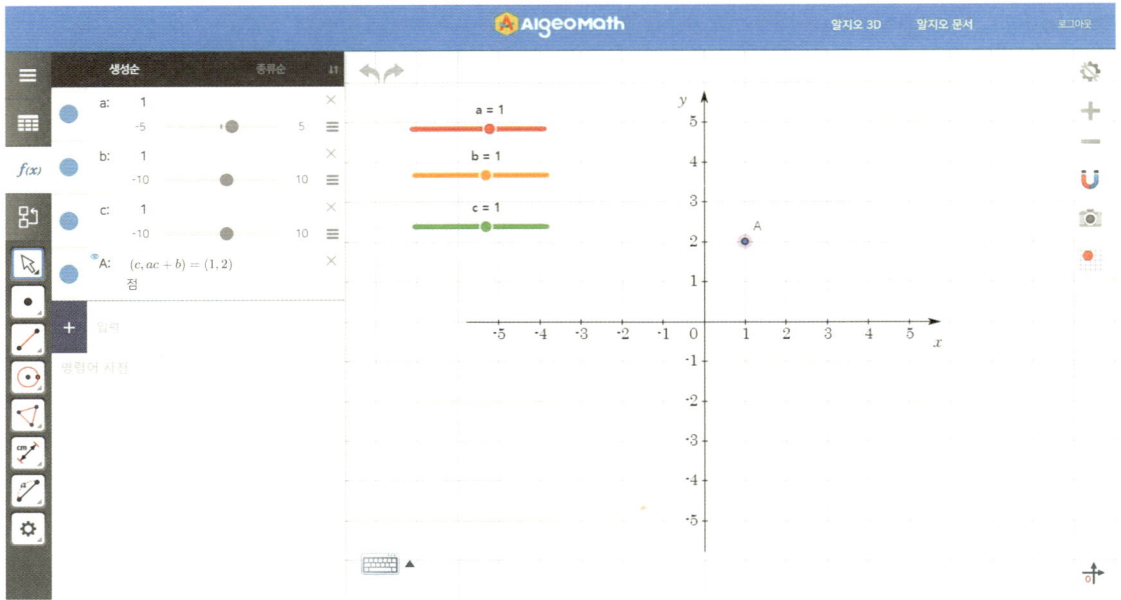

일차함수 $y = 2x + 3$의 그래프를 나타내 보겠습니다. 슬라이더 a, b의 값을 $a = 2$, $b = 3$으로 설정하여 기울기와 y절편을 나타냅니다. 슬라이더 c(변수 x)의 값은 0으로 나타냅니다.

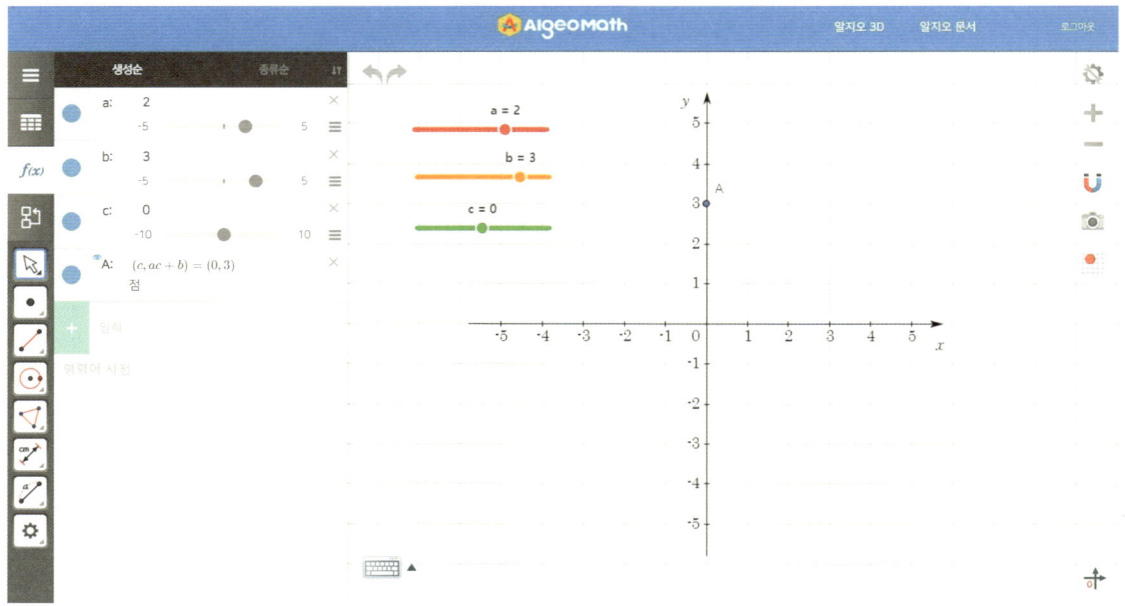

점 A를 선택 후 팝업창 에서 자취( )를 활성화합니다. 다음으로 슬라이더 c를 선택한 후 애니메이션 설정에서 Faster( )를 10번 눌러 20배속(20.0×)으로 변경하고, Play( )를 선택하면 기하창에 점의 자취가 남습니다. 슬라이더 c의 값이 0이고, 간격 단위가 1이기 때문에 슬라이더 범위 내에서 변수 x의 값이 1씩 늘어나면서 점의 자취가 남게 됩니다.

슬라이더 c의 간격을 '1 → 0.5 → 0.2 → 0.1 → 0.05'로 줄여가면서 자취를 관찰합니다. 모니터 해상도, 화면 확대 비율에 따라서 배율이 0.2 또는 0.1에서도 선처럼 이어져 보이기도 합니다. c의 간격은 컴퓨터 환경에 맞게 설정하면 됩니다.

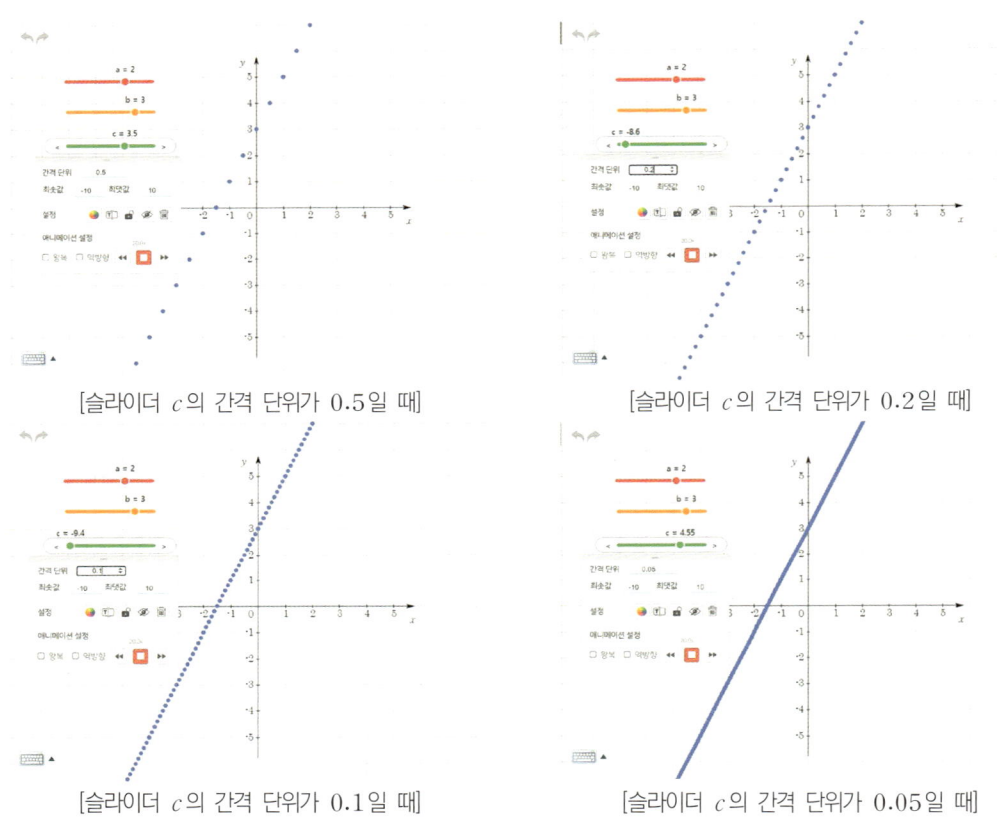

[슬라이더 c의 간격 단위가 0.5일 때]   [슬라이더 c의 간격 단위가 0.2일 때]

[슬라이더 c의 간격 단위가 0.1일 때]   [슬라이더 c의 간격 단위가 0.05일 때]

슬라이더 a와 b의 값을 변경하고 위의 과정을 다시 반복합니다. 과정을 반복하면서 일차함수의 그래프가 직선으로 나타난다는 사실을 확인합니다. 직선을 결정하는 데 필요한 최소 점의 개수는 2개이므로 $y = ax + b$가 지나는 점 2개만 알면 이를 직선으로 이어 일차함수 $y = ax + b$의 그래프를 그릴 수 있음을 이해하게 합니다.

이제 일차함수 $y = ax + b$의 그래프를 대수식으로 기하창에 나타내 보도록 하겠습니다. 먼저 화면 우측 하단에 있는 모든 자취 끄기(●˙)를 선택합니다. 대수창(f(x))에 대수식을 ＋ $y = ax + b$ 와 같이 입력하면 일차함수 $y = ax + b$의 그래프가 나타납니다. ＋ $ax + b$ 또는 ＋ $(x, ax + b)$ 와 같이 입력해도 같은 일차함수의 그래프가 그려집니다. 슬라이더 a와 b의 값을 변경하면서 그래프의 모양 변화를 관찰합니다.

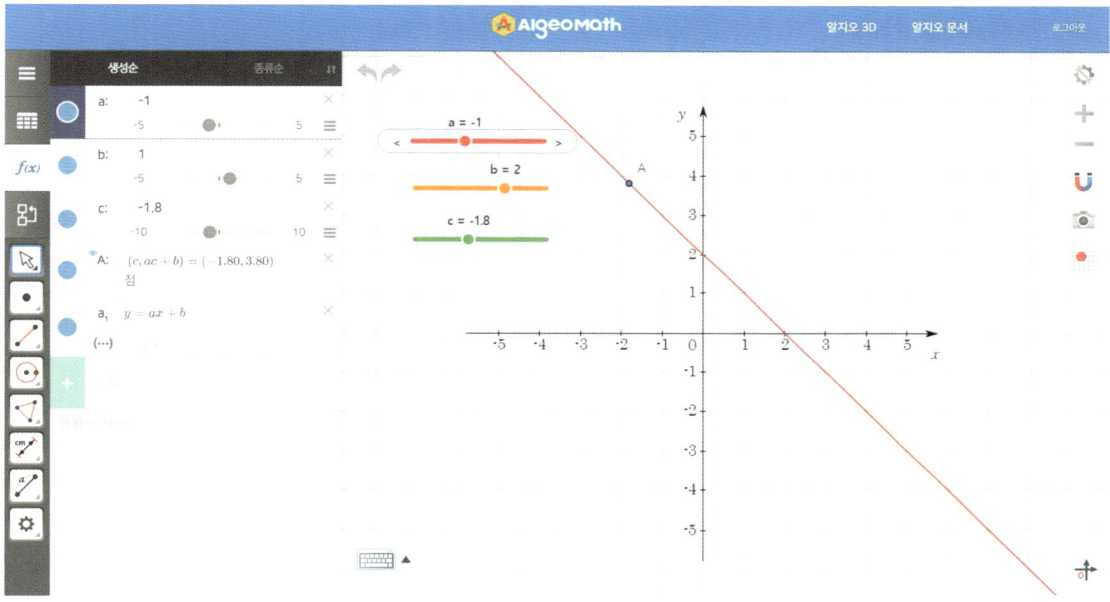

도형과 측정 삼각형과 사각형의 성질

13. 알지오매스를 활용한 삼각형의 외심 팽이 만들기

me2.do/xHDpfScR

외심과 외심원

han.gl/W7Vgs

외심 팽이 GIF

활동 의도

삼각형에서 가장 많이 하는 프로젝트 활동은 삼각형의 무게중심 팽이 만들기입니다. 팽이 만들기 활동은 삼각형의 외심에서도 가능합니다. 디지털 환경에서는 오히려 무게중심보다 외심이 팽이 만들기에 더욱 적합한 개념일 수 있습니다. 현실에서는 삼각형의 외심에 팽이심을 꽂아 팽이 돌리기는 할 수 없지만, 디지털 환경에서는 외심을 중심으로 삼각형과 외접원을 회전시키면 멋진 팽이 돌리기가 연출되기 때문입니다. 알지오매스에는 '스크린샷' 기능이 있습니다. 캡쳐된 화면은 PNG 또는 SVG 형식으로 다운할 수 있는데, SVG 형식은 아무리 확대해도 깨지지 않은 벡터 방식의 이미지 형식입니다. SVG 형식으로 저장한 이미지는 파워포인트와 같은 프로그램에서 도형으로 변환이 가능하다는 점에서 매우 큰 활용도를 갖습니다. 본 활동에서는 알지오매스에서 삼각형의 외심과 외접원을 나타내고, 파워포인트에서 이를 도형으로 변환하여 팽이처럼 회전시키는 활동을 소개하고자 합니다.

교육과정 분석

학년	2학년	영역	도형과 측정
성취기준	[9수03-10] 삼각형의 외심과 내심의 성질을 이해하고 정당화할 수 있다.		
성취기준 적용 시 고려 사항	✔ 다양한 교구나 공학 도구를 이용하여 도형을 그리거나 만들어 보는 활동을 통해 도형의 성질을 추론하고 토론할 수 있게 한다. ✔ 도형의 성질을 이해하고 정당화하는 방법은 관찰이나 실험을 통한 확인, 사례나 근거 제시를 통한 설명, 유사성에 근거한 추론, 증명 등이 있으며, 이를 학생 수준에 맞게 활용할 수 있다. ✔ 도형의 성질을 정당화하는 다양한 방법을 통해 체계적으로 사고하고 타인을 논리적으로 설득하는 태도를 갖게 한다.		
단원의 지도목표	✔ 삼각형의 외심, 내심의 뜻과 그 성질을 이해하고 설명하게 한다.		
단원의 지도상의	✔ 도형을 그려 보는 활동을 통하여 내심과 외심의 뜻을 직관적으로 이해하게 하고 논리적 전개보다는 타당한 설명을 하는 정도로 지도한다.		

유의점	✔ 외심과 내심의 차이점을 비교하면서 그 특징을 이해하게 한다.
관련 선행개념	직선의 결정조건(점 2개 필요), 선분의 수직이등분선, 이등변삼각형

성취수준	수준	성취 수준
	하	삼각형의 외심의 뜻과 성질을 말할 수 있다.
	중	도형을 그려 보는 활동을 통하여 삼각형의 외심의 뜻과 그 성질을 설명할 수 있다.
	상	도형을 그려 보는 활동을 통하여 삼각형의 외심의 뜻을 알고, 그 성질을 수학적으로 설명할 수 있으며 이를 이용하여 여러 가지 문제를 해결할 수 있다.

활동하기

이 활동에서 필요한 알지오매스 도구

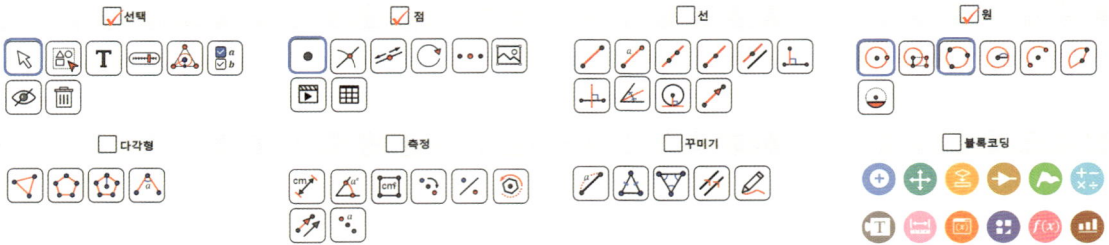

우측 상단에 있는 환경설정(⚙)_그리드(▦)에서 그리드 보기 설정을 해제합니다.

다음으로 환경설정(⚙)_2D(🎨)에서 다음과 같이 '점색: 검정(■), 점크기: 0pt, 선색: 검정(■)'으로 설정합니다.

다각형 메뉴( )에서 다각형( )을 선택하고, 그림과 같이 △ABC을 나타냅니다.

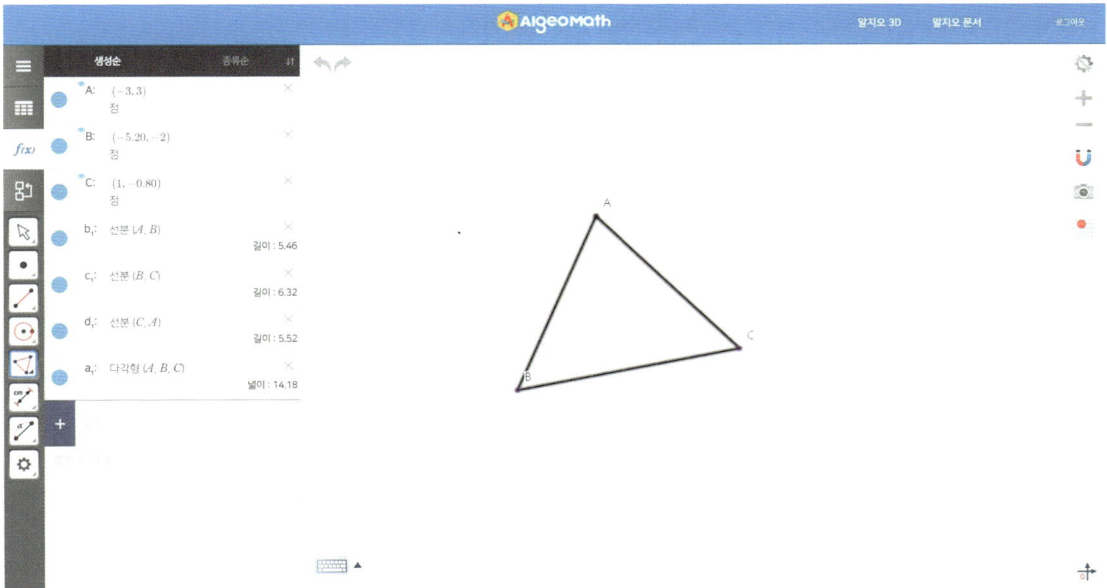

선 메뉴( )에서 수직이등분선( )을 이용하여 두 선분 $\overline{AB}$, $\overline{BC}$의 수직이등분선을 나타내세요. 수직이등분선( )을 선택한 후 '선분의 양 끝점을 순서대로 선택' 또는 '선분을 선택' 중 한 가지 방법으로 수직이등분선을 나타낼 수 있습니다.

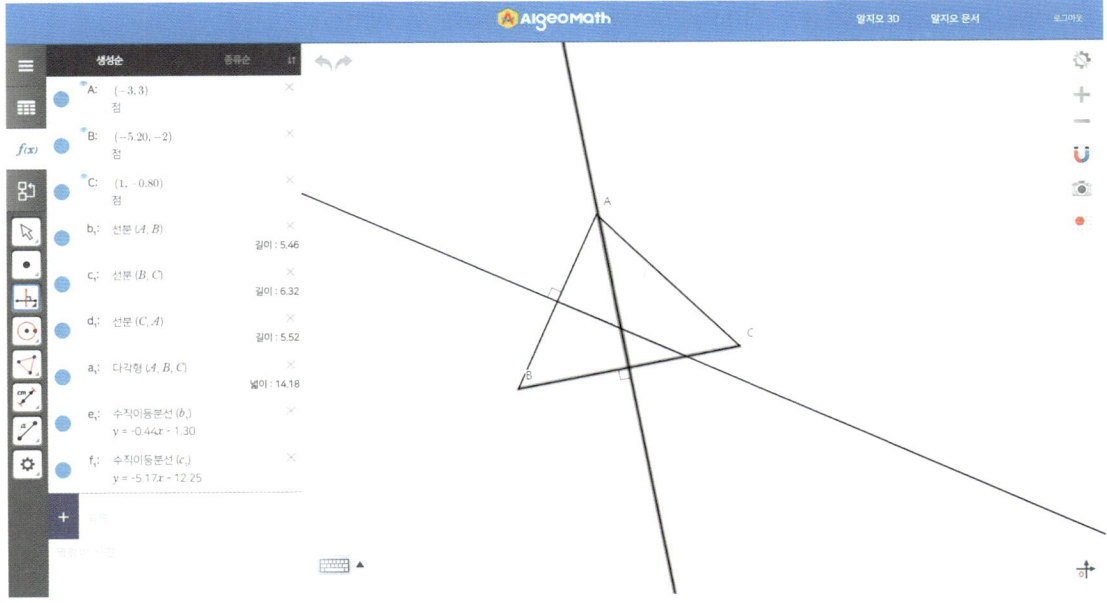

13. 알지오매스를 활용한 삼각형의 외심 팽이 만들기

점 메뉴(●)에서 교점(✕)을 선택한 후 앞에서 나타낸 두 수직이등분선을 순서대로 선택하면 두 수직이등분선의 교점이 나타납니다. 그리고 선택(↖) 모드에서 교점을 선택한 후 팝업창 의 점의 모양(●)에서 점의 크기를 6pt로 변경합니다.

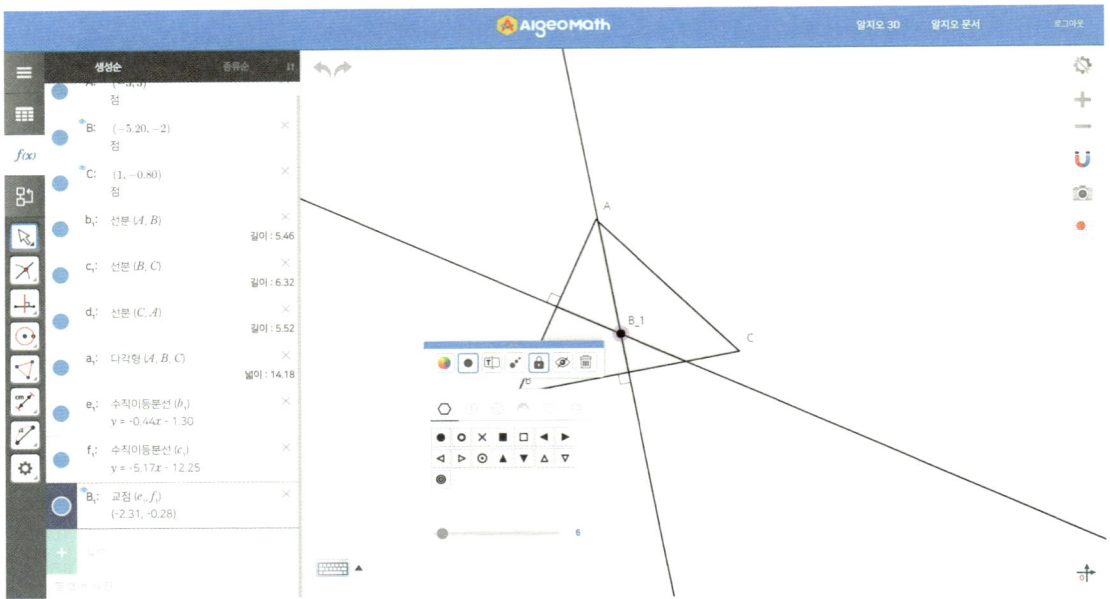

원 메뉴(◉)에서 중심과 한 점(◉)을 선택한 후 교점을 중심으로 하고, 삼각형 ABC의 한 꼭짓점을 한 점으로 하는 원을 나타냅니다.

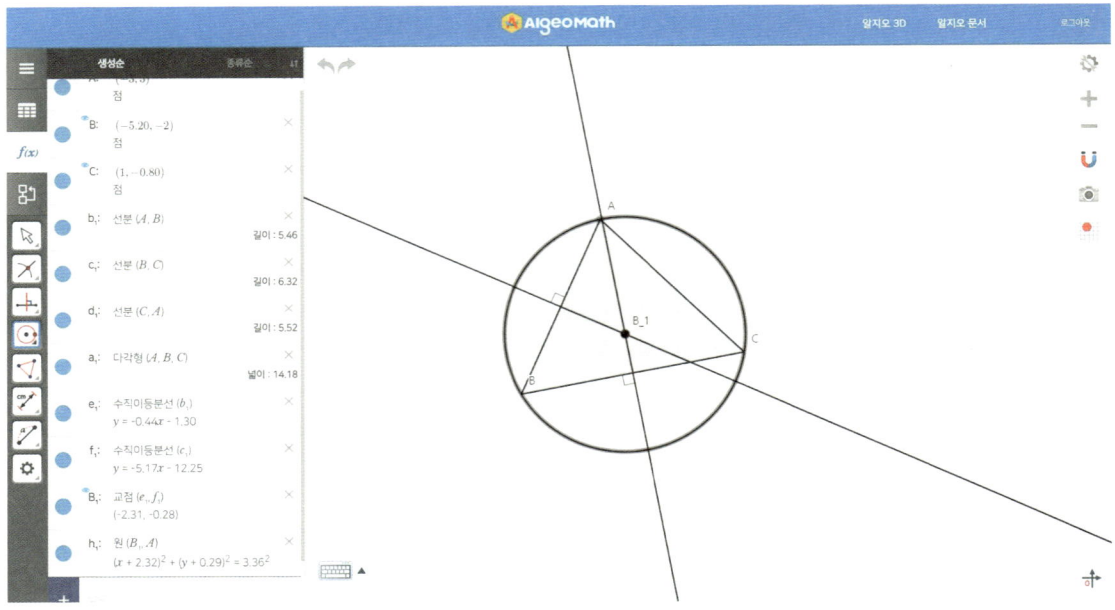

화면 우측에서 스크린샷(📷)을 선택하고, '캡쳐 하기'를 선택합니다.

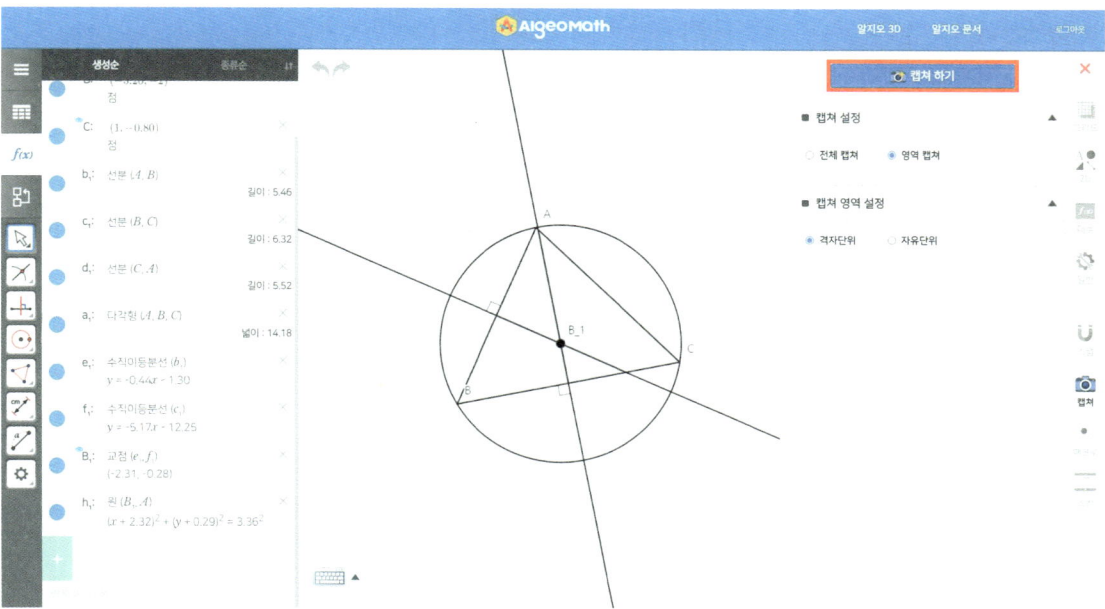

외접원이 포함되도록 캡쳐할 영역을 드래그하고, 'SVG 다운로드'를 선택합니다. 컴퓨터의 다운로드(Download) 폴더에 캡쳐한 SVG 파일이 저장됩니다. SVG 파일은 벡터 방식의 파일로 아무리 확대해도 그림이 깨지지 않습니다. 뿐만 아니라 파워포인트와 같은 특정 프로그램에서 도형으로 변환할 수 있습니다. '도형으로 변환' 기능은 파워포인트 2019 이후 버전에서 사용할 수 있습니다.

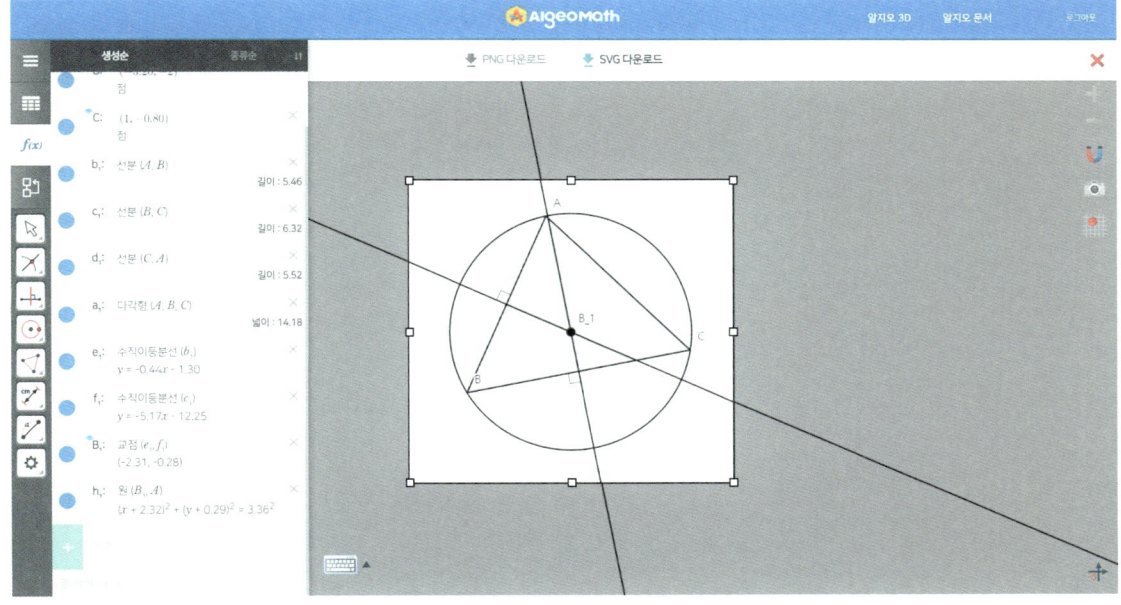

파워포인트를 실행하고, 캡쳐한 SVG 그림을 삽입합니다. [삽입]-[그림]을 선택한 후 파일 탐색창이 열리면 SVG 그림을 찾아 삽입합니다.

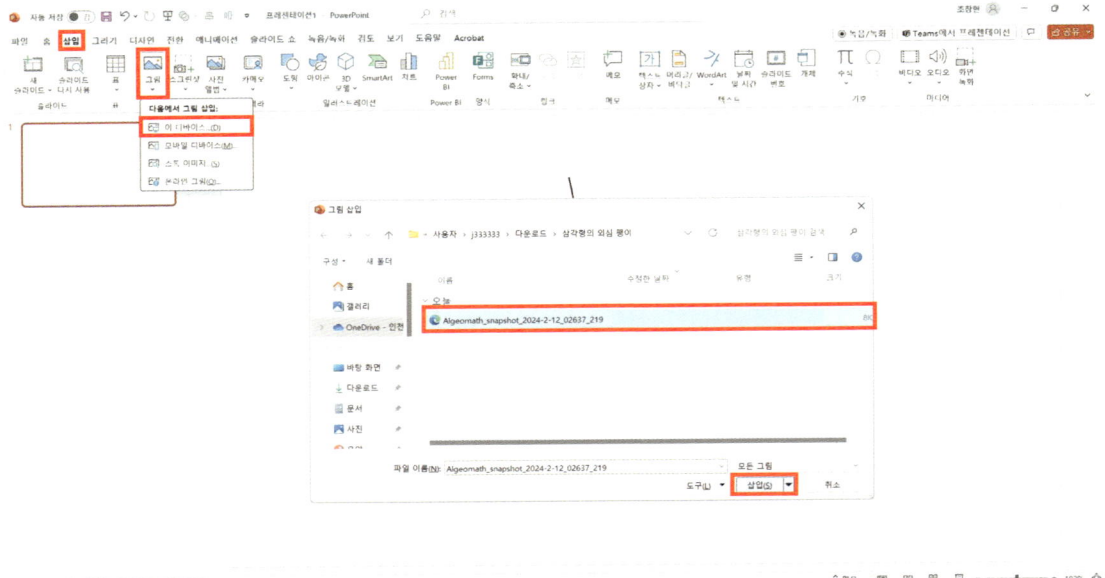

그림을 마우스로 우클릭하고 '도형으로 변환'을 선택합니다. 알지오매스에서 그렸던 '점, 선, 도형, 텍스트'가 파워포인트의 '점, 선, 도형, 텍스트'로 변환됩니다. 다만 이는 그룹화된 상태로 변환되는데, 그림(도형)을 다시 마우스로 우클릭하고 '그룹화'_'그룹 해제'를 선택하면 그룹화가 해제됩니다.

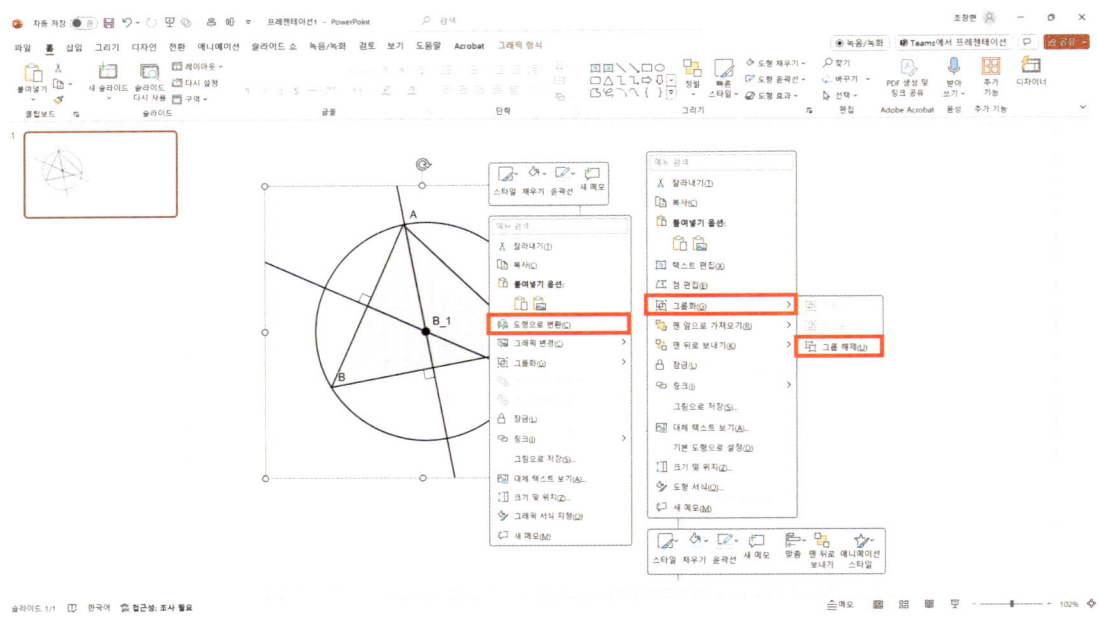

112 알지오매스 활용 중학교 수학 프로젝트 활동

점, 선, 면, 텍스트 등 많은 객체가 그룹 해제되어 나타나면 필요한 세 가지 객체 '삼각형, 외접원, 외심'를 제외하고는 모두 삭제합니다. 삭제할 객체를 선택할 때 외접원 때문에 다른 객체가 선택되지 않는 경우가 발생합니다. 외접원을 마우스로 우클릭하여 맨 뒤로 보내기(K) 을 선택하면 외접원에 가려졌던 다른 객체를 쉽게 선택할 수 있습니다.

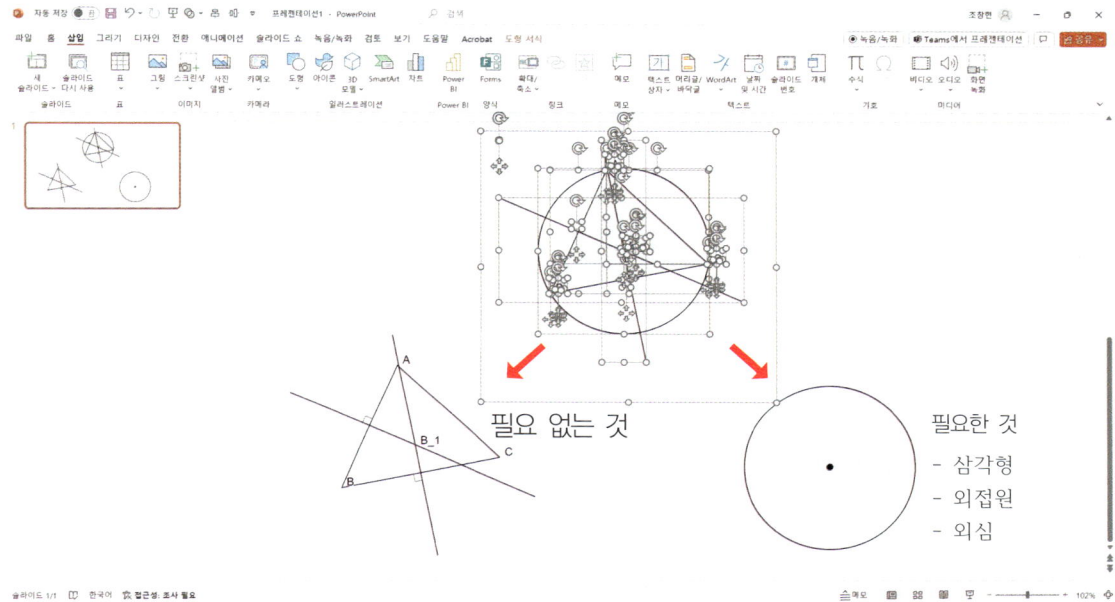

객체들의 삭제가 완료된 화면은 다음과 같습니다. 삼각형의 경우 '도형 채우기, 도형 윤곽선'을 통해 예쁘게 꾸밀 수 있습니다.

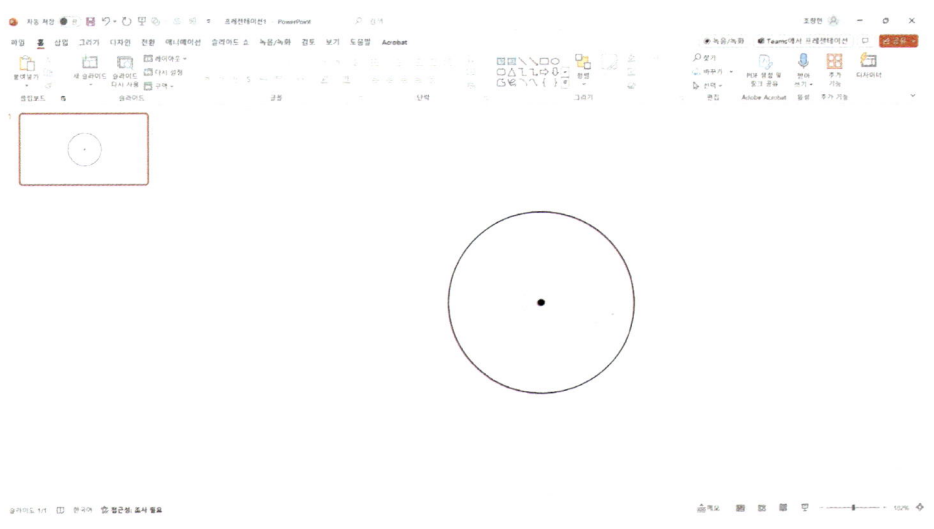

13. 알지오매스를 활용한 삼각형의 외심 팽이 만들기

'삼각형, 외접원, 외심'를 모두 선택 후 마우스로 우클릭하여 객체를 그룹화합니다.

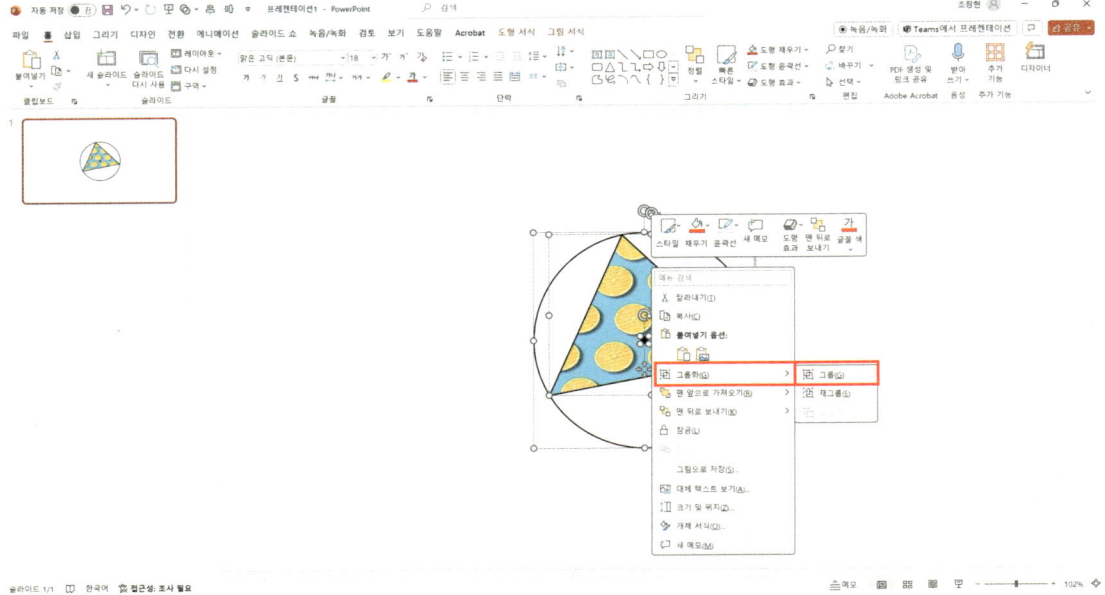

그룹화한 객체에 대해 '강조(회전)' 애니메이션을 설정합니다. '애니메이션 창'을 선택하면 화면 우측에 '애니메이션 창'이 열립니다. 해당 애니메이션을 우클릭 후 '타이밍'을 선택하면 타이밍을 세부 설정할 수 있습니다. 시작 옵션은 '이전 효과와 함께', 재생 시간은 '0.1초', 반복 옵션은 '슬라이드가 끝날 때까지'로 설정합니다. 슬라이드쇼를 실행(F5)하면 무한으로 빙글빙글 도는 외심 팽이를 확인할 수 있습니다.

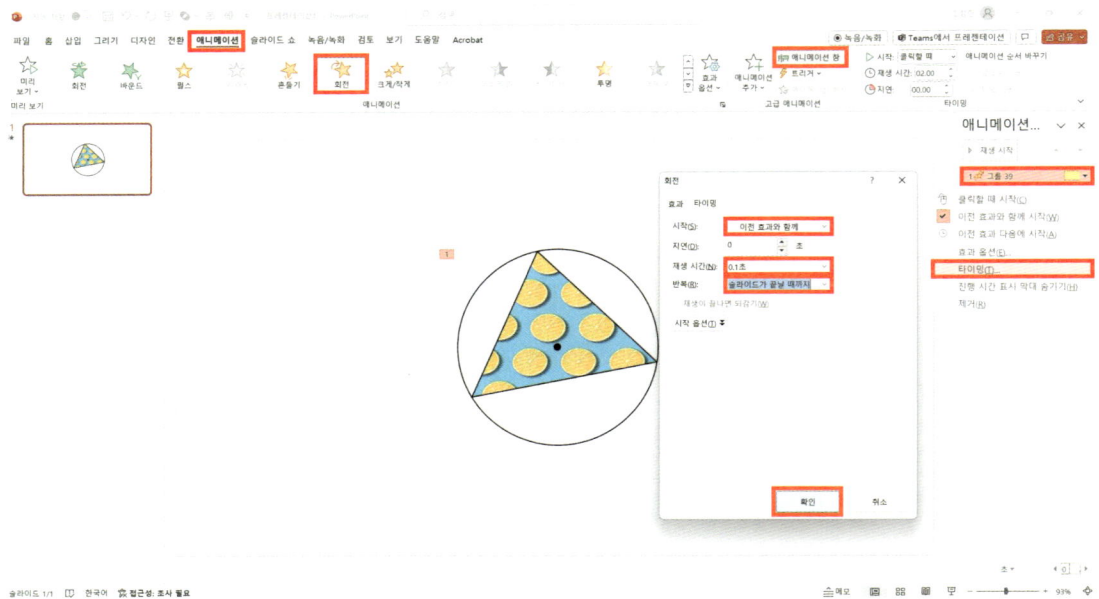

이제 외심 팽이를 '움짤'이라고 불리는 GIF 파일로 저장하겠습니다. 파워포인트에서 '파일'을 선택 후 '내보내기', '애니메이션 GIF 만들기'를 차례로 선택합니다. 파일 크기는 '크게', 배경 투명하게 만들기를 '체크'하고, 'GIF 만들기'를 선택합니다. 파일 크기를 '크게'로 설정하는 이유는 GIF의 초당 프레임을 늘려 부드러운 느낌의 GIF를 만들 수 있기 때문입니다. 파일탐색기 창이 뜨면 저장할 위치를 선택하고, '저장'을 선택합니다.

파워포인트 버전에 따라 '애니메이션 GIF 만들기'가 없을 수도 있습니다. 이때에는 '다른 이름으로 저장'을 선택한 후 파일 형식을 'GIF'로 변경하여 저장합니다. 저장된 파일은 패들렛 등을 통해서 공유할 수 있습니다.

도형과 측정 삼각형과 사각형의 성질

14. 블록코딩으로 사각형의 대각선의 성질 탐구하기

활동 의도

중학교 2학년 사각형의 성질에서는 평행사변형에 관해 탐구한 내용을 바탕으로 평행사변형, 직사각형, 마름모, 정사각형의 성질 및 관계를 탐구합니다. 이 과정에서 중요하게 사용되는 것이 대각선의 성질입니다. 사각형의 대각선의 성질은 '① 두 대각선이 서로 다른 것을 이등분한다. ② 두 대각선의 길이가 같다. ③ 두 대각선이 서로 수직이다'의 세 가지를 독립적으로 조합하여 기술됩니다. 이 활동에서는 세 가지 대각선의 성질을 바탕으로 사각형을 탐구합니다. 주어진 사각형의 대각선의 성질을 찾고, 주어진 대각선의 성질을 만족하는 사각형을 찾습니다. 탐구의 마지막에서는 사각형의 성질을 판독하는 블록코딩을 짜면서 사각형의 성질을 이해합니다.

교육과정 분석

학년	2학년	영역	도형과 측정
성취기준	[9수03-11] 사각형의 성질을 이해하고 정당화할 수 있다.		
성취기준 적용 시 고려 사항	✔ 다양한 교구나 공학 도구를 이용하여 도형을 그리거나 만들어 보는 활동을 통해 도형의 성질을 추론하고 토론할 수 있게 한다. ✔ 도형의 성질을 이해하고 정당화하는 방법은 관찰이나 실험을 통한 확인, 사례나 근거 제시를 통한 설명, 유사성에 근거한 추론, 증명 등이 있으며, 이를 학생 수준에 맞게 활용할 수 있다. ✔ 도형의 성질을 정당화하는 다양한 방법을 통해 체계적으로 사고하고 타인을 논리적으로 설득하는 태도를 갖게 한다.		
단원의 지도목표	✔ 여러 가지 사각형의 성질과 그 사이의 관계를 이해하고 설명하게 한다.		
단원의 지도상의 유의점	✔ 사각형의 성질은 대각선에 관한 성질을 위주로 다룬다. ✔ 공학적 도구나 다양한 교구를 활용하여 도형의 성질을 추론할 수 있게 한다.		
관련 선행개념	평행선의 성질, 삼각형의 합동, 삼각형의 내각과 외각		

성취수준	수준	성취 수준
	하	직사각형과 마름모, 정사각형, 사다리꼴의 성질을 말할 수 있다.
	중	여러 가지 사각형의 성질을 사례나 근거를 제시하여 설명할 수 있고, 여러 가지 사각형 사이의 관계를 유사성에 근거하여 추론할 수 있다.
	상	여러 가지 사각형의 성질을 연역적으로 논증할 수 있고, 여러 가지 사각형 사이의 관계를 논리적으로 설명할 수 있다.

활동하기

이 활동에서 필요한 알지오매스 도구

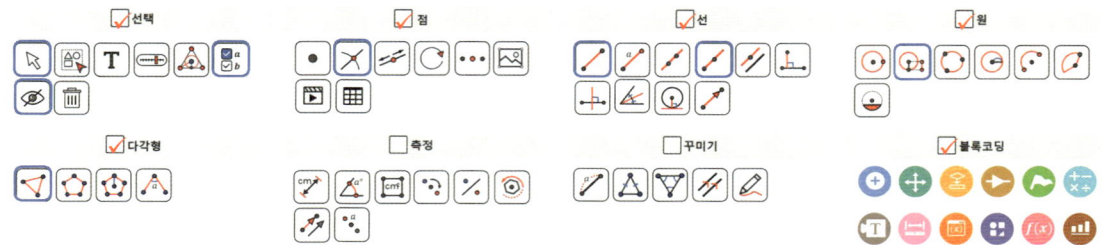

환경설정(⚙)에서 그리드(▦)의 설정을 변경합니다. '그리드 보기 설정'에서 ☑ 대격자'만 체크 상태로 남기고, 나머지(x축, y축, 소격자, 단위 표시, x, y 표시)는 모두 체크해제(☐)합니다.

알지오매스 기하창에서 점의 이름을 텍스트로 나타낼 경우 '바탕체'를 사용하는 것이 좋습니다. 바탕체는 한글 수식과 가장 비슷하게 보이는 글꼴입니다. 수업 시간에 TV(또는 프로젝트) 화면에 알지오매스 화면을 띄워놓고 수업을 진행할 때는 글꼴 크기도 30pt 이상으로 하는 것이 적절합니다. 또 도형을 그릴 때는 점과 선의 색을 검정으로 통일하는 것이 보기에 편안합니다.

환경설정(⚙)_2D(✏)에서 '글꼴: 바탕체(30pt)', '점색: 검정(■)', '선색: 검정(■)'으로 설정합니다.

그리고 스냅 설정(U)에서 '대격자'로 설정합니다. 이렇게 하면 점을 x좌표, y좌표가 모두 정수인 곳에만 나타낼 수 있습니다. 이는 기하창을 지오보드처럼 활용하기 위함입니다.

다각형 메뉴(▽)에서 다각형(▽)을 이용하여 사각형 ABCD를 나타냅니다. 사각형을 선택 후 패턴(▨)을 ■으로 하고 투명도 1%로 변경합니다.

14. 블록코딩으로 사각형의 대각선의 성질 탐구하기

선 메뉴(✎)에서 선분(✎)으로 대각선 $\overline{AC}$, $\overline{BD}$를 나타내고, 점 메뉴(•)에서 교점(✕)을 사용하여 두 대각선의 교점을 찾습니다. 교점의 이름을 O로 변경합니다.

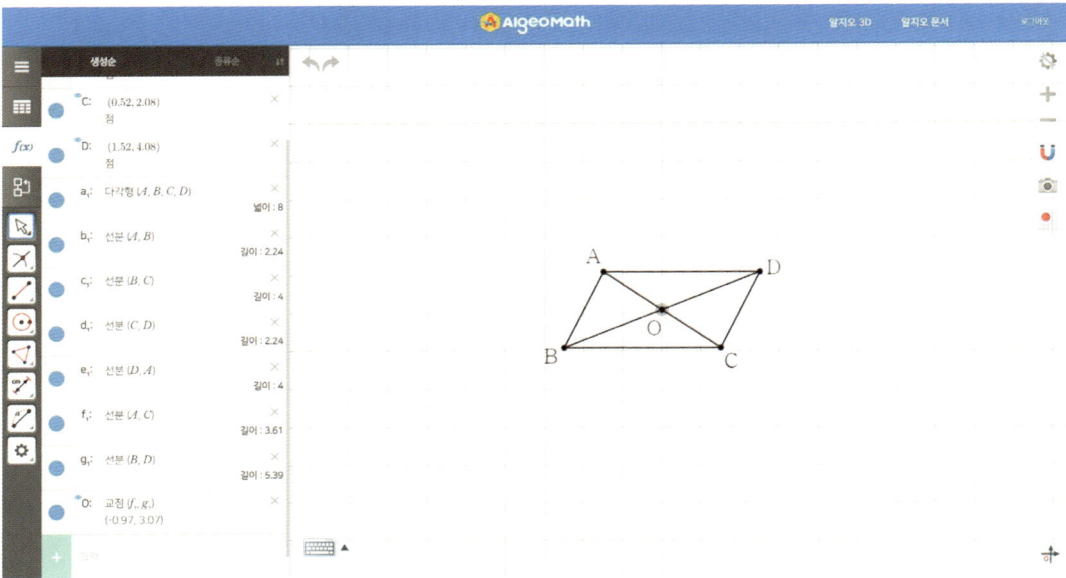

사각형의 대각선의 성질은 '① 두 대각선이 서로 다른 것을 이등분한다. ② 두 대각선의 길이가 같다. ③ 두 대각선이 서로 수직이다'의 세 가지를 독립적으로 조합하여 기술됩니다. 이를 선택 메뉴(▣)의 체크박스(▣)를 이용하여 탐구해 보겠습니다. 그림과 같이 체크박스(▣)를 이용하여 세 가지 대각선의 성질을 각각 나타냅니다. '보이고 숨길 대상'은 아무것도 선택하지 않습니다.

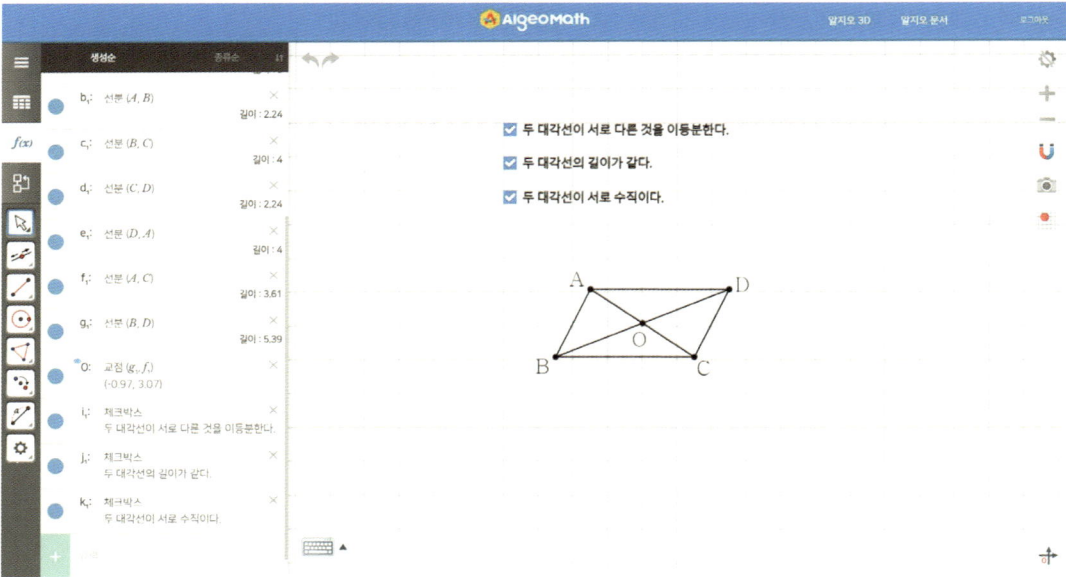

이 활동은 수업에서 몇 단계로 나누어 진행할 수 있습니다. 학생들에게 알지오매스 콘텐츠를 공유하기 위해서는 먼저 '내문서'에 저장해야 합니다. 메뉴(☰)에서 저장(⬇)을 선택합니다. '내문서 저장'을 선택하고, 파일 이름과 저장위치, 학교급, 학년을 선택합니다. 공개 설정을 '공개'로 하여 저장합니다.

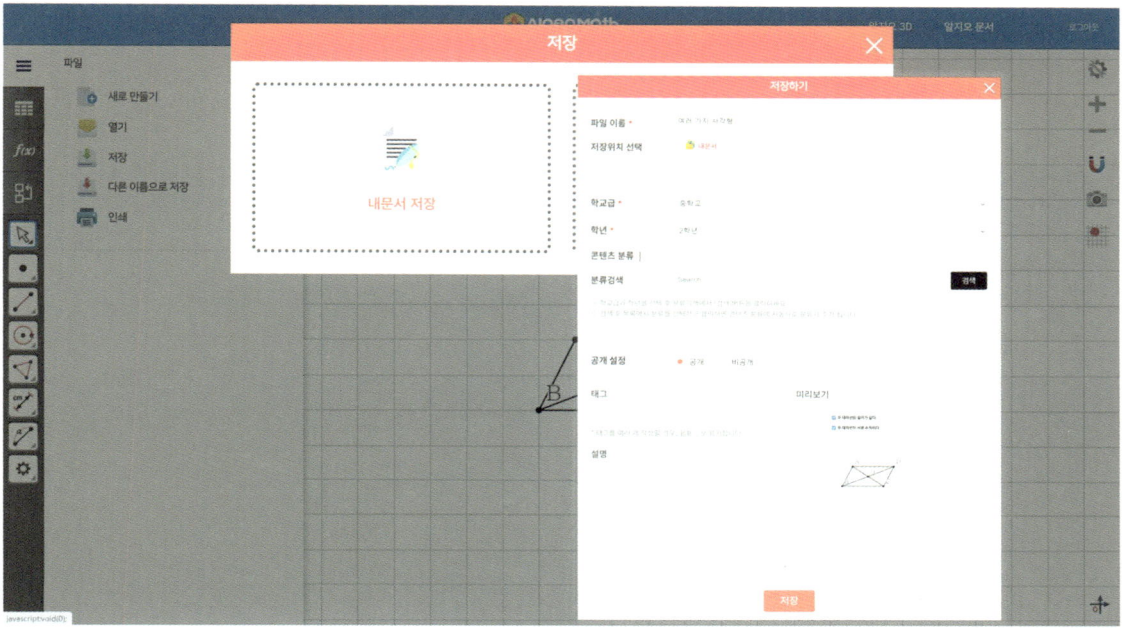

[마이페이지]-[나의 콘텐츠]에서 해당 콘텐츠를 찾은 후 ⬱ 공유하기를 선택합니다. 해당 url 주소를 복사하여 학생들에게 안내합니다.

'내문서'에 저장된 알지오매스 콘텐츠를 공유하여 학생에게 안내하는 방법은 실제 수업에서 매우 유용하게 활용할 수 있습니다. 다양한 모양의 사각형 ABCD에 대하여 대각선의 성질을 찾아보게 하는 활동을 할 때, 교사는 사각형 ABCD의 모양을 변경한 후 다시 '내문서'에 저장합니다. 이때 학생은 새로고침(F5)을 누르는 것만으로 변경된 모양의 사각형 ABCD를 불러올 수 있습니다. 이렇게 하면 매번 새로운 url 주소를 안내하지 않고도 다양한 모양의 사각형 ABCD를 탐구하는 수업을 진행할 수 있습니다.

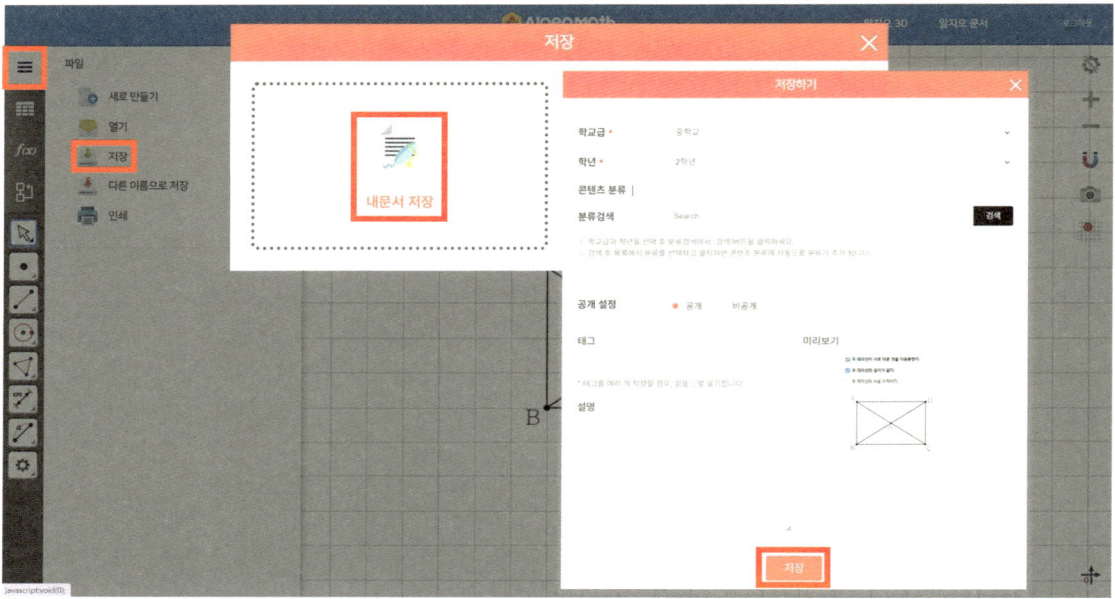

활동을 구체적으로 안내하면 다음과 같습니다. 교사는 사각형 ABCD의 꼭짓점을 움직여 문제로 제시할 사각형을 만듭니다. 위에서 안내한 것과 같은 방법으로 콘텐츠를 '내문서'에 저장합니다. 안내된 url 주소로 접속해 있던 학생이 새로고침(F5)을 하면 학생이 보고 있던 화면은 교사와 똑같이 바뀝니다. 학생은 주어진 사각형 ABCD가 만족하는 대각선의 성질에 체크(✔)합니다. 교사는 이를 확인하고, 다시 사각형 ABCD의 모양을 바꾼 후 '내문서'에 저장합니다. 학생은 다시 새로고침(F5)하고, 주어진 사각형의 대각선의 성질을 찾는 과정을 반복합니다.

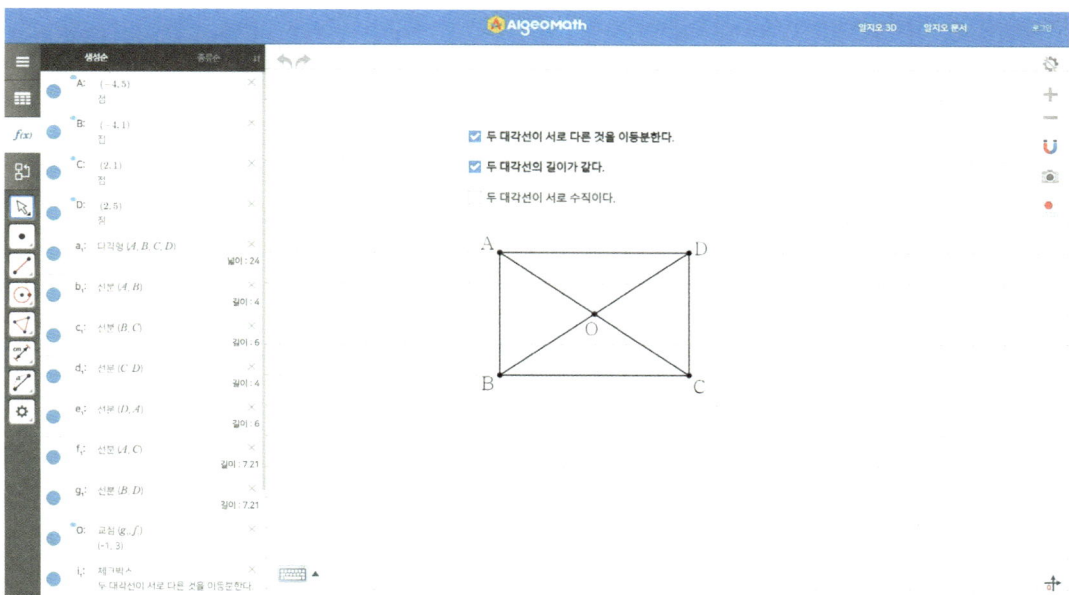

다음으로 학생들에게 대각선의 성질을 먼저 제시하고, 이러한 성질을 만족하는 사각형을 찾는 활동을 진행합니다. 교사는 체크박스( )로 나타난 세 가지 대각선의 성질 중 몇 가지를 체크( )합니다. 여기에서는 대각선의 성질 ②, ③에 체크해 보겠습니다. 위 활동에서와 같이 콘텐츠를 '내문서'에 다시 저장합니다. 학생이 알지오매스 창을 새로고침(F5)하면 교사와 똑같이 화면이 나타나고, 학생은 사각형 ABCD의 꼭짓점을 움직여 주어진 대각선의 성질을 만족하는 사각형을 찾습니다. 사각형의 모양을 다양하게 변화시키면서 지금의 과정을 반복합니다.

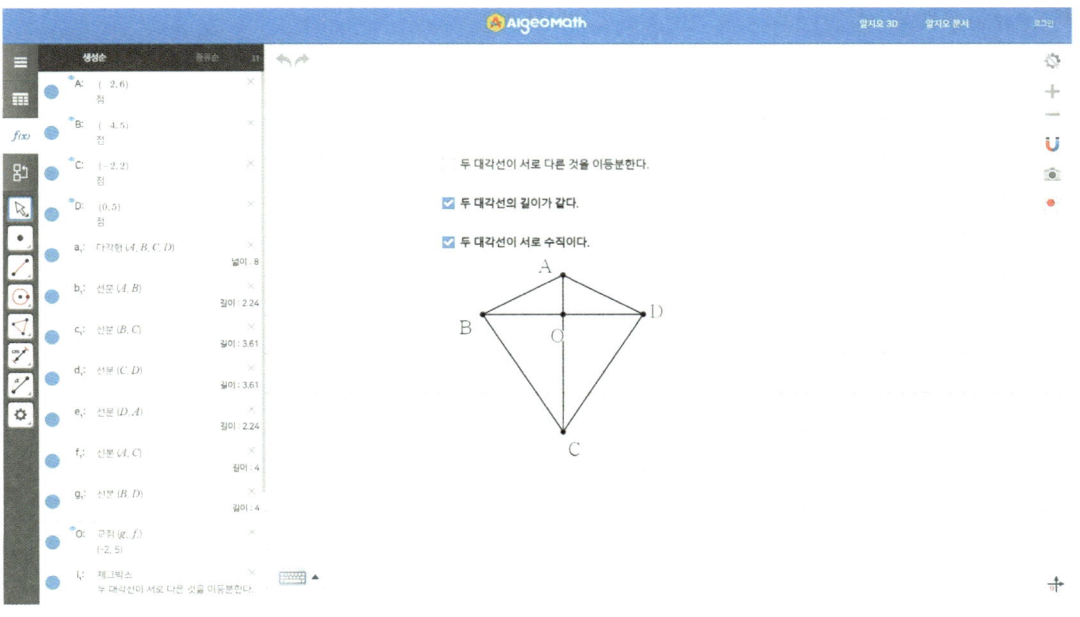

14. 블록코딩으로 사각형의 대각선의 성질 탐구하기

마지막 활동은 사각형의 대각선의 성질을 판독하는 블록코딩을 짜는 것입니다. 이를 이해하기 위해 순서도를 그려보겠습니다. 먼저 사각형의 대각선의 성질은 다음과 같습니다.

① 두 대각선이 서로 다른 것을 이등분한다.
② 두 대각선의 길이가 같다.
③ 두 대각선이 서로 수직이다.

주어진 사각형에 대해 ① → ② → ③의 순으로 성립 여부를 확인하는 순서도를 만들어 보겠습니다. 각 성립 여부에 따라 다음과 같이 표와 순서도로 나타낼 수 있습니다.

성질①	성질②	성질③	비고
○	○	○	정사각형
○	○	×	직사각형
○	×	○	마름모
○	×	×	평행사변형
×	○	○	
×	○	×	
×	×	○	
×	×	×	

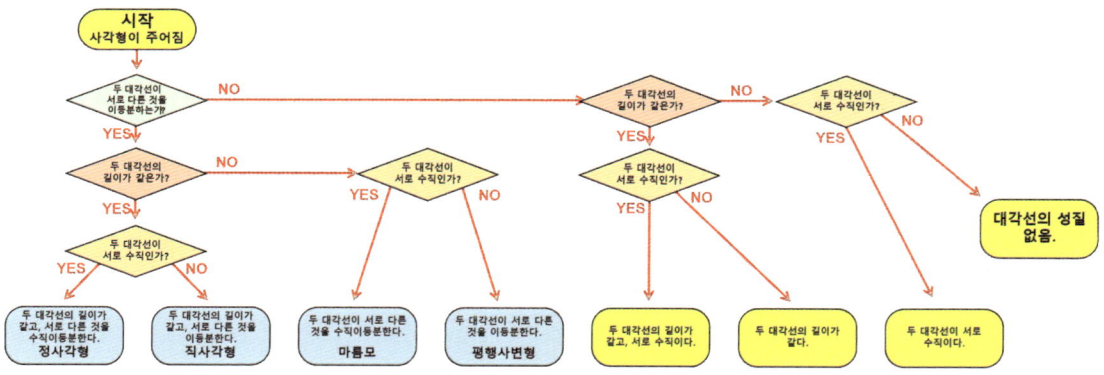

이제 대각선의 성질 ①, ②, ③의 성립 여부를 판별하는 블록코딩을 만들어 보겠습니다. 먼저 사각형의 오른쪽에 아래 그림과 같이 선 메뉴(◯)에서 반직선(◯)을 사용하여 반직선 $\overrightarrow{EF}$를 나타냅니다. 그런 다음 점 F는 숨기기를 합니다.

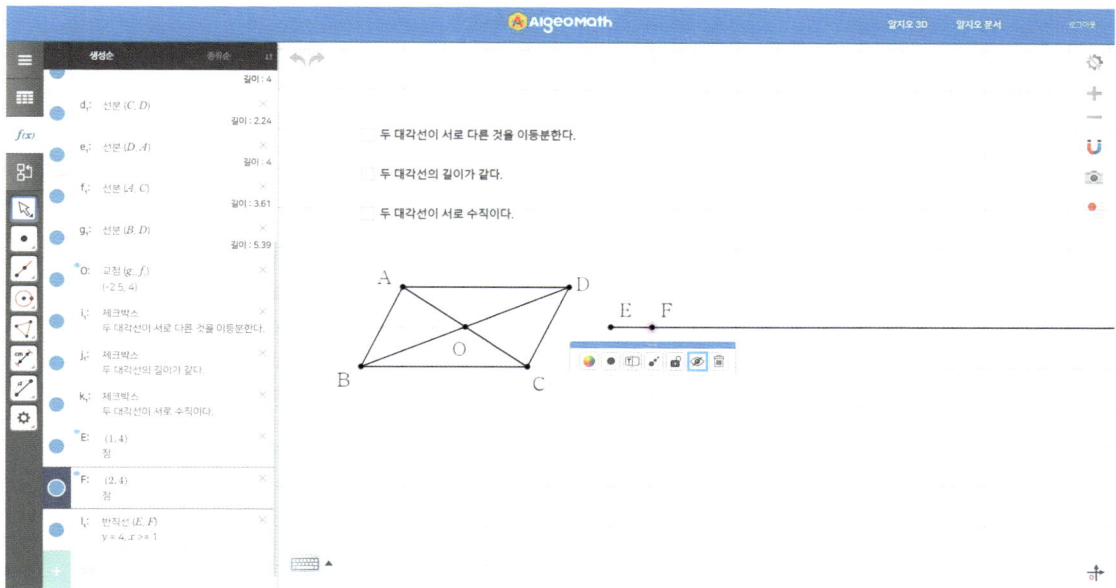

이제 원 메뉴(⊙)에서 컴퍼스(⊙)를 이용하여 $\overline{OA}$, $\overline{OB}$, $\overline{OC}$, $\overline{OD}$, $\overline{AC}$, $\overline{BD}$의 길이를 반지름으로 하는 원을 점 E를 중심으로 하여 나타냅니다. 점 메뉴(•)에서 교점(✕)을 이용하여 원과 반직선의 교점을 나타내고, 교점의 이름을 각각 OA, OB, OC, OD, AC, BD로 수정합니다. 사각형의 모양에 따라 교점이 겹쳐 구분이 어려울 수도 있습니다. 사각형 ABCD의 모양을 다음 그림과 같이 변경하거나 '원 그리기 → 교점 나타내기 → 교점 이름 변경하기'의 과정을 하나씩 진행하면 이러한 어려움을 해소할 수 있습니다.

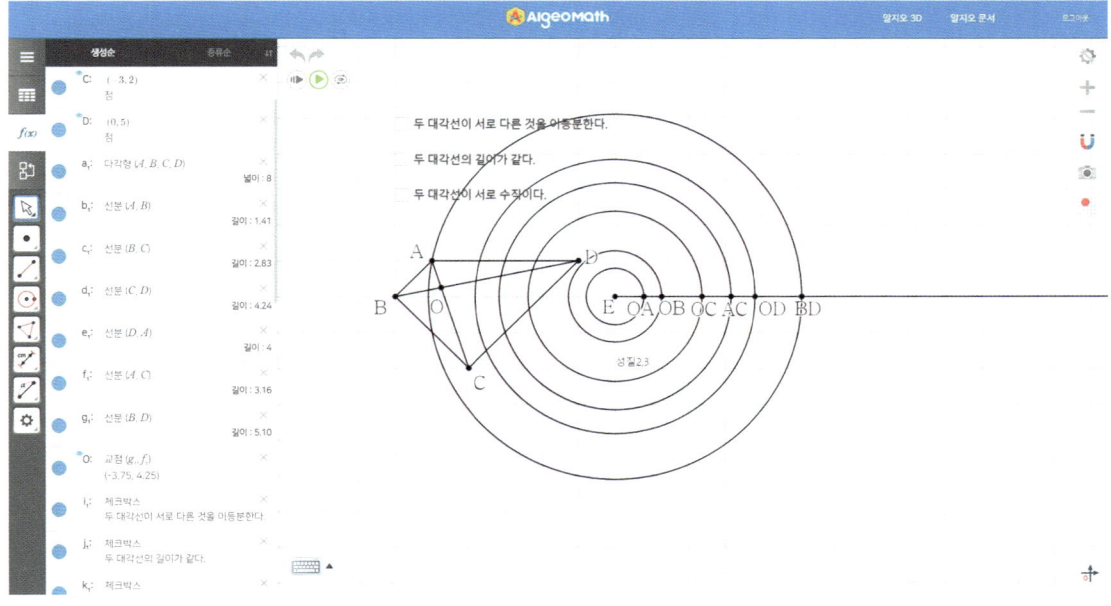

14. 블록코딩으로 사각형의 대각선의 성질 탐구하기

블록코딩으로 각각의 대각선의 성질을 판정하는 블록을 짜보겠습니다. 이를 판정하기 위해서는 구성블록

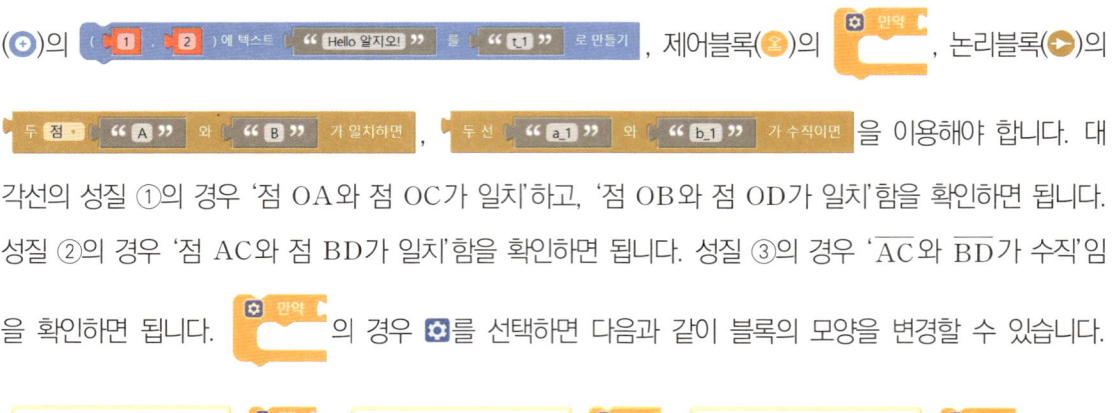

각선의 성질 ①의 경우 '점 OA와 점 OC가 일치'하고, '점 OB와 점 OD가 일치'함을 확인하면 됩니다. 성질 ②의 경우 '점 AC와 점 BD가 일치'함을 확인하면 됩니다. 성질 ③의 경우 '$\overline{AC}$와 $\overline{BD}$가 수직'임을 확인하면 됩니다. 의 경우 를 선택하면 다음과 같이 블록의 모양을 변경할 수 있습니다.

위의 블록을 조합하여 다음과 같이 블록코딩을 짤 수 있습니다.

선택 메뉴(🔍)에서 숨기기(👁)를 이용하여 '사각형 ABCD와 두 대각선 $\overline{AC}$, $\overline{BD}$, 교점 O, 대각선의 성질 체크박스'를 제외한 기하창의 모든 객체를 숨깁니다.

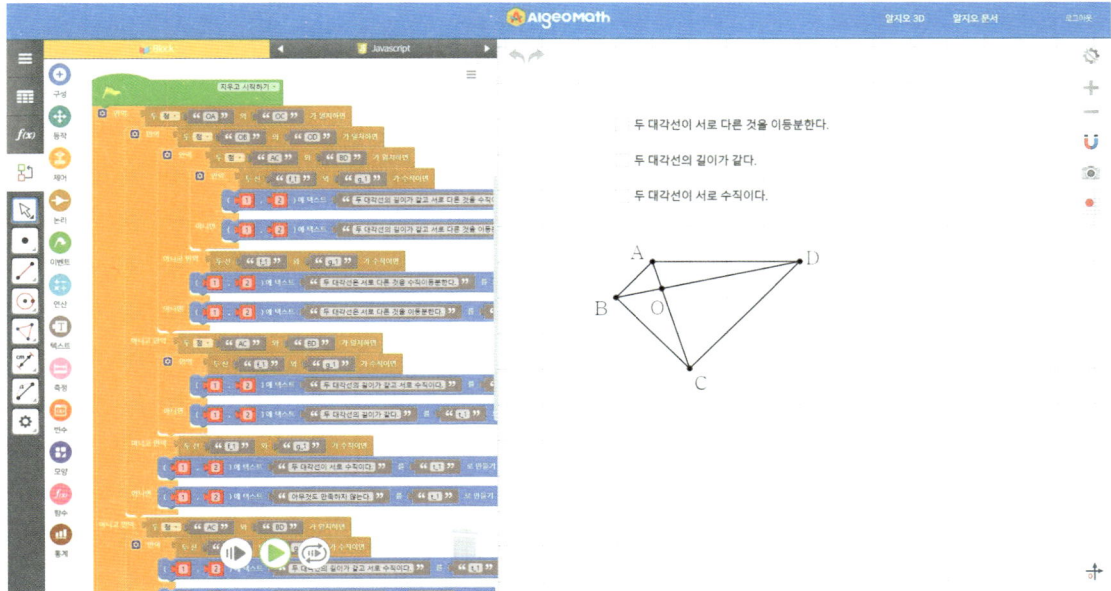

사각형 ABCD의 모양을 다양하게 변화시키면서 블록코딩을 실행(▶)합니다. 다음과 같이 사각형 ABCD에 대한 대각선의 성질이 나타나는 것을 확인할 수 있습니다. 블록코딩은 두 번째 활동에서 주어진 대각선의 성질을 만족하는 사각형을 찾는 활동에서 결과를 확인하는 용도로 활용할 수도 있습니다.

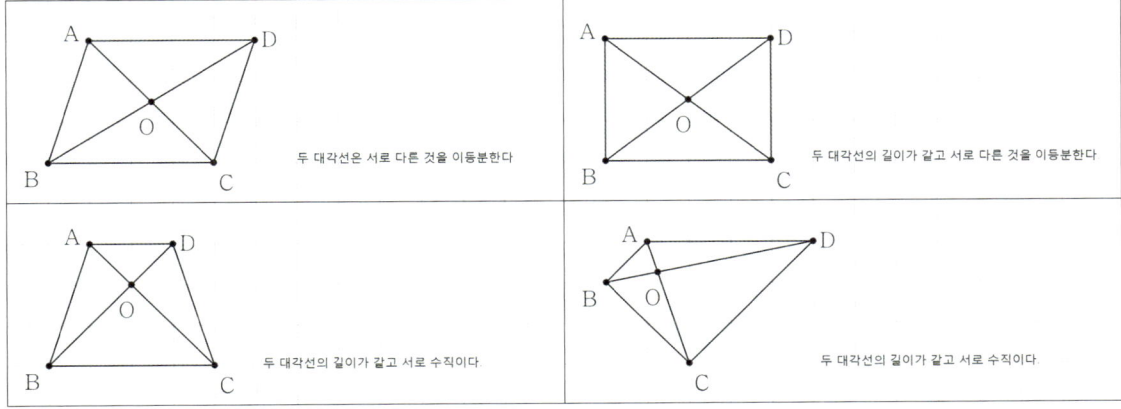

도형과 측정 도형의 닮음

15. 알지오3D로 맹거스펀지 블록코딩하기

me2.do/FrlhzDFo
맹거스펀지 만들기(2단계)

me2.do/GLSRAYa5
맹거스펀지 만들기(3단계)

활동 의도

프랙털 도형은 가장 대표적인 닮은 도형입니다. 맹거스펀지는 프랙털 입체도형의 하나로 알지오3D의 블록코딩을 이용하여 나타낼 수 있습니다. 맹거스펀지는 알지오3D에서 거북이를 활용한 블록코딩을 가장 잘 이해할 수 있는 도형이기도 합니다. 본 활동에서는 알지오3D의 블록코딩을 이용하여 맹거스펀지를 만드는 과정을 소개하고자 합니다.

교육과정 분석

학년	2학년	영역	도형과 측정
성취기준	[9수03-12] 도형의 닮음의 뜻과 닮은 도형의 성질을 이해하고, 닮음비를 구할 수 있다.		
성취기준 적용 시 고려 사항	✔ 다양한 교구나 공학 도구를 이용하여 합동과 닮음의 의미를 이해하게 한다. ✔ 다양한 교구나 공학 도구를 이용하여 도형을 그리거나 만들어 보는 활동을 통해 도형의 성질을 추론하고 토론할 수 있게 한다.		
단원의 지도목표	✔ 도형의 닮음의 의미를 이해하게 한다. ✔ 닮은 도형의 성질을 이해하게 한다. ✔ 평면도형과 입체도형은 점, 선, 면으로 이루어져 있음을 이해하게 한다.		
단원의 지도상의 유의점	✔ 공학적 도구나 다양한 교구를 이용하여 닮음의 의미를 이해하게 한다.		
관련 선행개념	평행선의 성질, 삼각형의 합동 조건		
성취수준	수준	성취 수준	
	하	주어진 도형에서 닮은 도형을 찾고 기호를 사용하여 표현할 수 있다.	
	중	닮은 도형에서 닮음비, 대응변의 길이, 대응각의 크기, 넓이의 비, 부피의 비 등을 구할 수 있다.	
	상	도형의 닮음을 이용하여 다양한 문제를 해결할 수 있다.	

활동하기

이 활동에서 필요한 알지오매스 도구

프랙털 도형은 부분과 전체가 닮음인 기하학적 형태를 뜻합니다. 이 활동에서는 알지오3D를 이용하여 맹거스펀지를 블록코딩하는 활동을 소개합니다. 먼저 알지오3D에 접속합니다. 선택 도구 모음( )에서 속성 변경( )을 선택합니다. 그리드 탭에서 크기를 '20'으로 설정합니다.

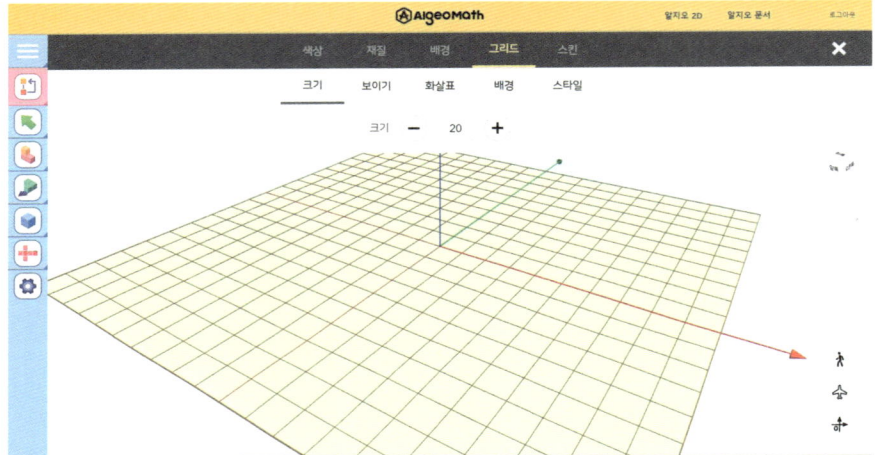

맹거스펀지의 생성 원리는 이렇습니다. [1단계] 크기가 고정된 정육면체를 작은 정육면체로 27등분하고, 정육면체의 모서리와 인접하지 않은 7개의 정육면체를 제거합니다. [2단계] 남은 20개의 정육면체에 대해 각각 [1단계]의 과정을 반복합니다. [3단계] 남은 400개의 정육면체에 대해 같은 과정을 반복합니다. 이와 같은 과정을 무한히 반복합니다.

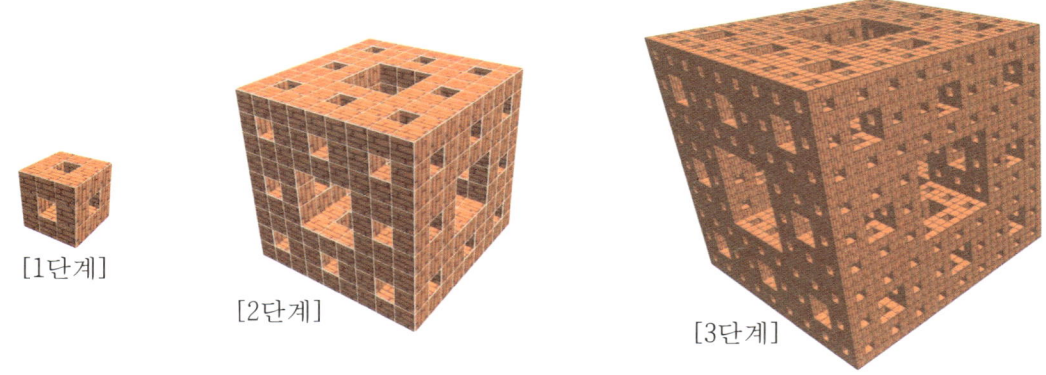

[1단계]   [2단계]   [3단계]

알지오매스 블록코딩으로 무한한 과정을 구현하는 것은 물리적으로 불가능합니다. [1단계]에서 [2단계]로의 과정은 더 높은 단계에서도 비슷한 규칙으로 반복하여 확장됩니다. 여기에서는 [2단계]까지의 과정을 소개하고자 합니다.

맹거스펀지는 거북이를 이용하여 거북이가 이동한 자취를 연결큐브로 연결함으로써 만들어집니다. 먼저 그리드에 거북이를 만들어 보겠습니다. 블록코딩( ) 창을 띄웁니다. 구성블록( )에서

 을 이용하여 원점 $O(0, 0, 0)$에 거북이를 만듭니다. 거북이는 점이 아니기 때문에 거북이의 위치가 어떻게 나타나는지 이해할 필요가 있습니다. 거북이는 한 모서리의 길이가 1인 정육면체와 같은 크기로 표시됩니다. 원점 $O(0, 0, 0)$에 거북이를 만들면 거북이는 점 $(0, 0, 0)$을 한 꼭짓점으로 하는 정육면체 중에서 $(0, 0, 0)$과 만나는 세 모서리가 각각 x, y, z축의 양의 방향을 따라 나타나는 정육면체 위에 나타납니다. 아래 그림을 보면 쉽게 이해할 수 있습니다.

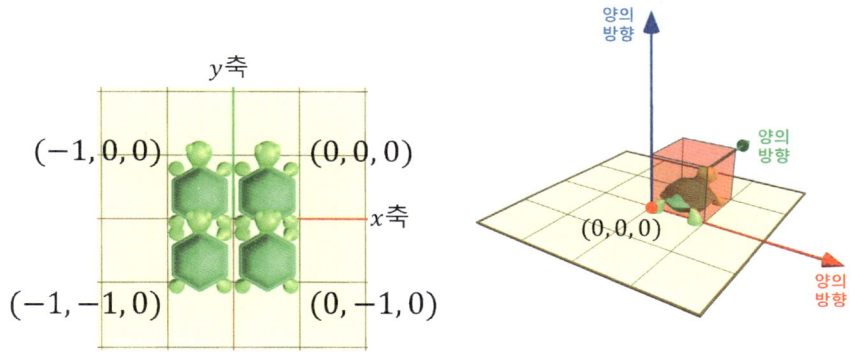

거북이는 , 의 두 가지 동작블록( )을 사용할 수 있습니다. 이동 방향은 '앞으로 / 뒤로 / 위로 / 아래로'가 가능합니다. 꽃게처럼 옆으로 이동하는 것은 불가능합니다. 블록 이동하기에서 '○' 표시는 이동한 자취를 연결큐브로 연결함을 뜻하고, '×' 표시는 연결큐브로 연결하지 않고 거북이의 위치만 이동함을 뜻합니다.

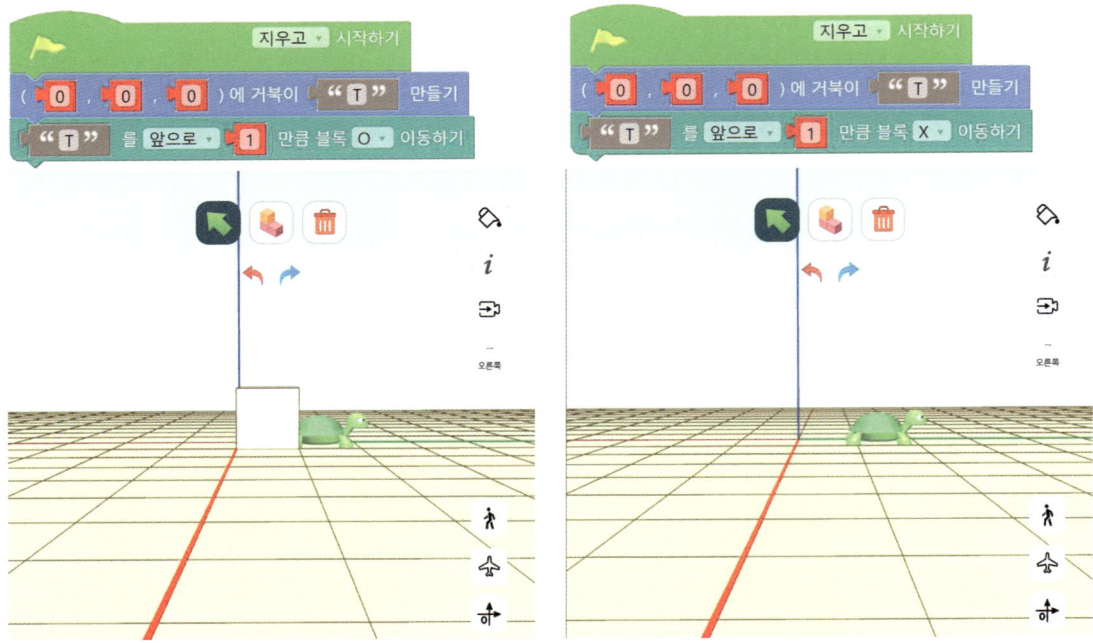

　회전 방향은 '왼쪽으로 / 오른쪽으로 / 위로 / 아래로'가 가능합니다. '왼쪽으로'는 거북이를 위에서 바라봤을 때 반시계 방향 회전을 뜻하고, '오른쪽으로'는 시계 방향 회전을 뜻합니다. '위로'는 거북이의 오른쪽 부분을 바라봤을 때 반시계 방향 회전을 뜻하고, '아래로'는 시계 방향 회전을 뜻합니다. 1번 회전은 90° 회전이고, 45°, 60°와 같이 90°의 배수가 아닌 각의 회전은 불가능합니다. '왼쪽으로 / 오른쪽으로' 모두 2번 회전은 뒤로 돌아와 같고, 4번 회전은 원래 모습과 같습니다. '오른쪽으로 1번 회전하기'는 '왼쪽으로 3번 회전하기'와 같고, '오른쪽으로 3번 회전하기'는 '왼쪽으로 1번 회전하기'와 같습니다.

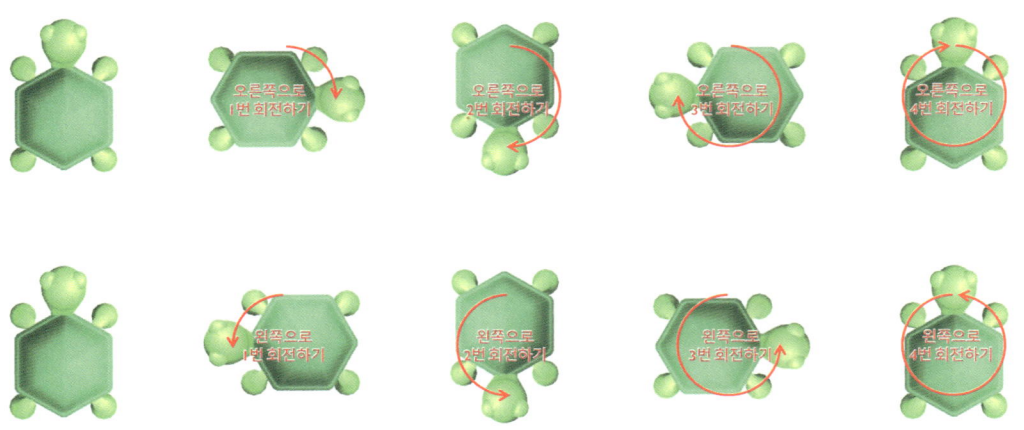

'위로 / 아래로' 모두 2번 회전은 뒤집기와 같고, 4번 회전은 원래 모습과 같습니다. '위로 1번 회전하기'는 '아래로 3번 회전하기'와 같고, '위로 3번 회전하기'는 '아래로 1번 회전하기'와 같습니다.

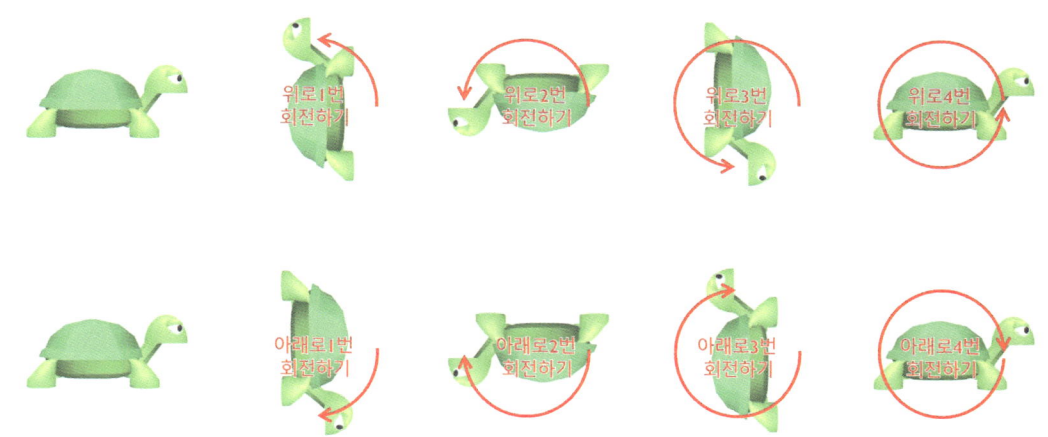

이제 본격적으로 맹거스펀지를 만들어 보겠습니다. 맹거스펀지를 만들기 위해서는 아래 그림과 같은 'ㅁ' 자 모양을 만들어야 합니다.

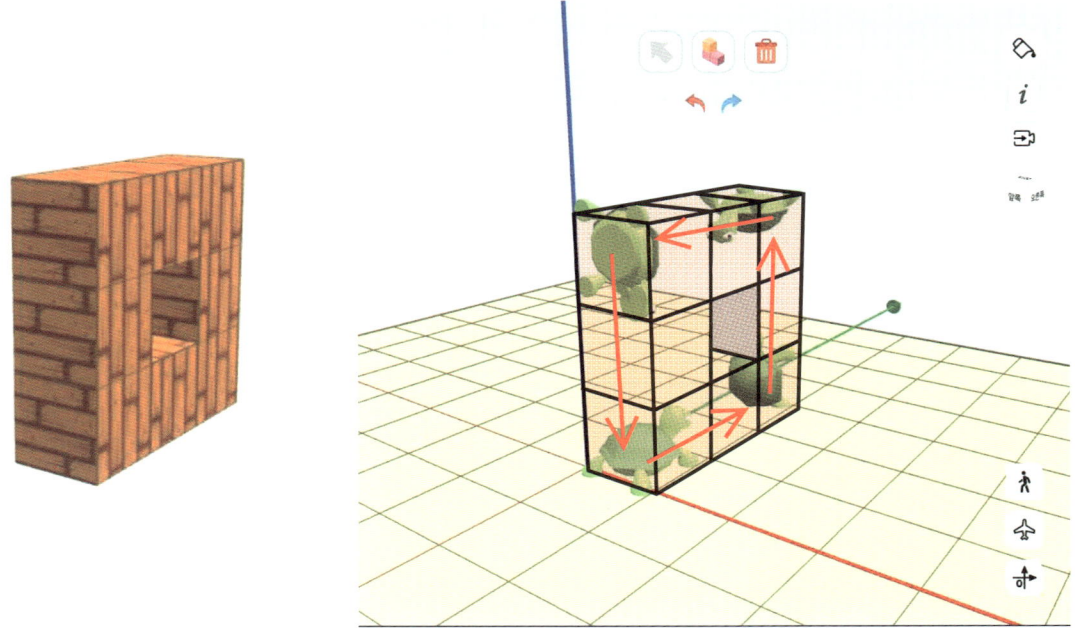

맹거스펀지를 효율적으로 블록코딩하기 위해서는 제어블록( )에서 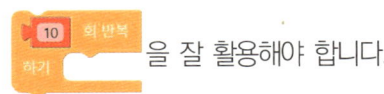을 잘 활용해야 합니다.

맹거스펀지는 4회 반복의 결정체입니다. 'ㅁ'자 모양의 경우 '앞으로 2만큼 이동하기'와 '위로 1번 회전하기'를 4회 반복하면 만들 수 있습니다. 기본 연결큐브의 재질은 흰색입니다. 모양블록( )에서 을 이용하면 조금 더 눈에 잘 띄고 예쁜 재질로 맹거스펀지를 만들 수 있습니다. 여기에서는 재질1( )을 이용하여 만들어 보겠습니다.

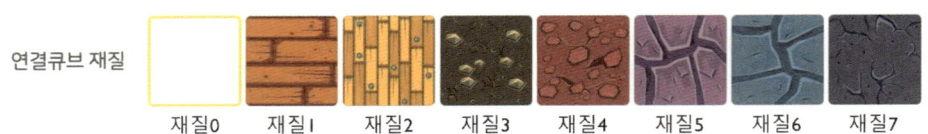

블록코딩을 이용하여 'ㅁ'자를 만들면 다음과 같습니다.

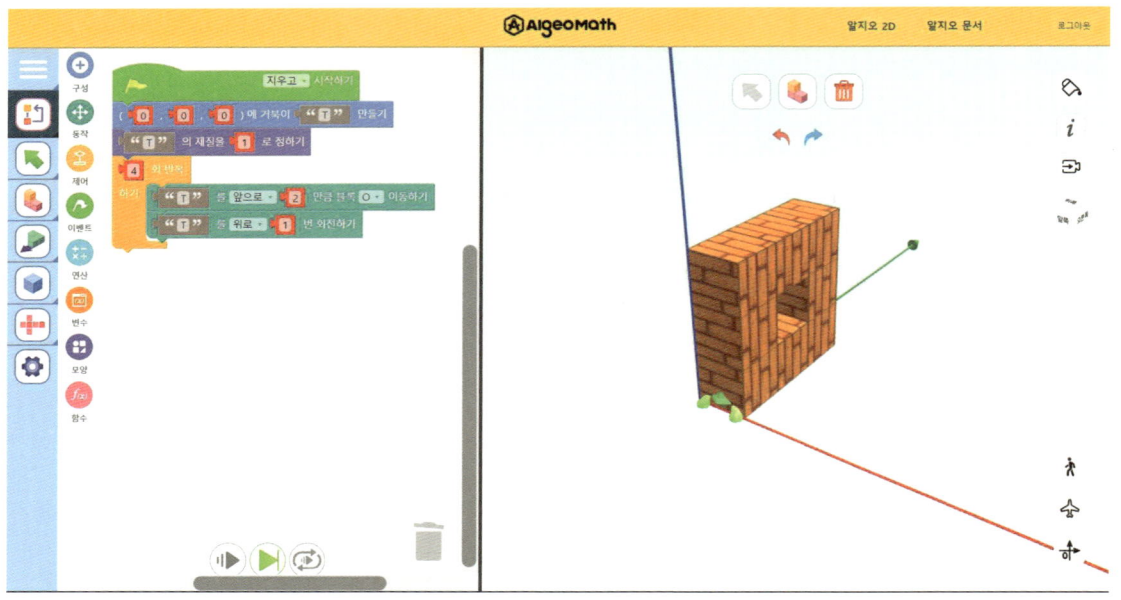

이제 맹거스펀지 1단계를 만들어 보겠습니다. 맹거스펀지 1단계는 위의 'ㅁ'자를 만들고, '앞으로 2만큼 이동하기'와 '왼쪽으로 1번 회전하기'의 전체 과정을 4회 반복하면 만들 수 있습니다. 이때, 앞으로 이동하기는 블록을 남기지 않고 이동합니다.

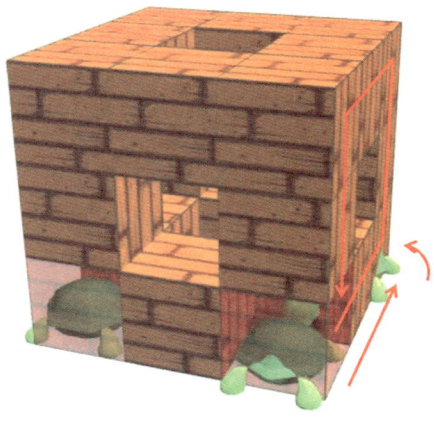

앞으로의 블록코딩 과정을 손쉽게 하기 위해서는 반복적으로 사용되는 블록코딩 그룹을 축소하여 사용하는 것이 좋습니다. 맹거스펀지 1단계 전체에 대해서 우클릭하면 아래와 같이 블록코딩 그룹을 축소할 수 있습니다.

다음으로 맹거스펀지 2단계를 만들어 보겠습니다. 맹거스펀지는 다음과 같이 층을 나누어 분석할 수 있습니다. '1층'과 '3층'의 구조는 같고, '2층'은 구조가 다릅니다. '1층'과 '3층'에는 맹거스펀지 1단계가 각각 8개씩 사용되었고, '2층'에는 맹거스펀지 1단계가 4개 사용되었습니다.

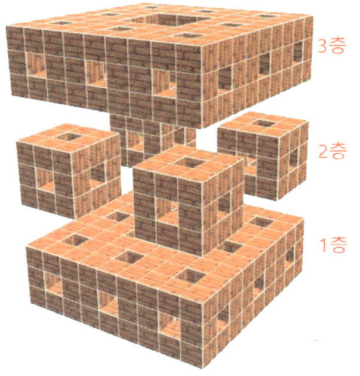

15. 알지오3D로 맹거스펀지 블록코딩하기

먼저 1층을 만들겠습니다. 1층 역시 4회 반복을 이용하여 만듭니다. 1층에는 총 8개의 맹거스펀지 1단계가 사용되기 때문에 1회 시행에서 '맹거스펀지 1단계'를 2개씩 만들면 됩니다. 다음 그림과 같이 '맹거스펀지 1단계' → '앞으로 3만큼 이동하기' → '맹거스펀지 1단계' → '앞으로 5만큼 이동하기' → '왼쪽으로 1번 회전하기'를 4회 반복하면 맹거스펀지 2단계 1층이 그려집니다.

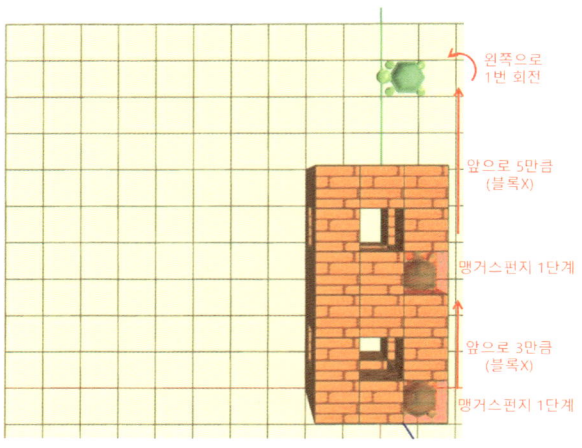
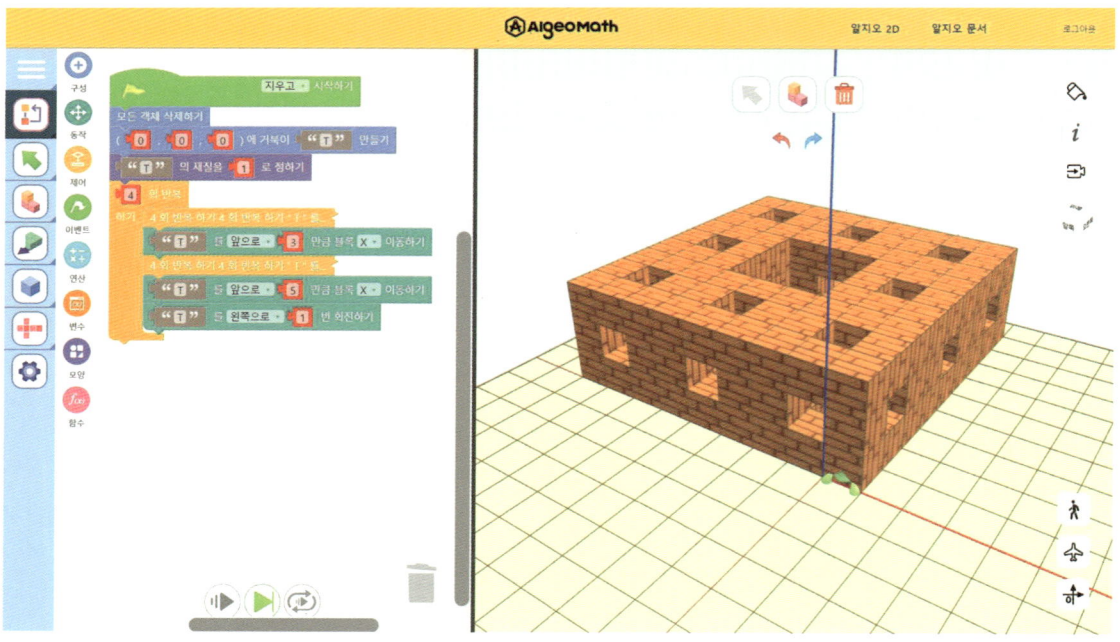

이제 맹거스펀지 2단계 2층을 만들겠습니다. 먼저 거북이를 '위로 3만큼 이동하기'하여 2층으로 이동합니다. 2층 역시 4회 반복이 이용되고, 총 4개의 '맹거스펀지 1단계'가 사용되기 때문에 1회 시행에서 '맹거스펀지 1단계'를 1개씩 만듭니다. 다음 그림과 같이 '맹거스펀지 1단계' → '앞으로 8만큼 이동하기' → '왼쪽으로 1번 회전하기'를 4회 반복하면 맹거스펀지 2단계 2층이 그려집니다.

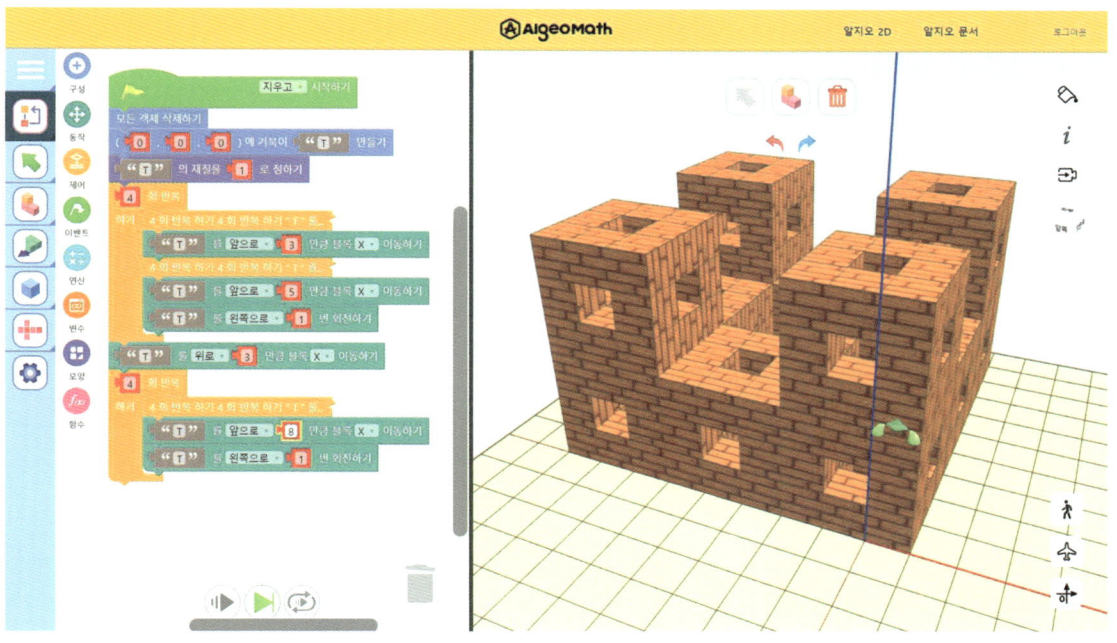

마지막으로 맹거스펀지 2단계 3층을 만들기 위해 거북이를 '위로 3만큼 이동하기'하여 3층으로 이동합니다. 3층은 1층과 동일합니다. 1층을 만들었을 때 사용했던 블록코딩 그룹을 복제하여 연결합니다. 그러면 아래 그림과 같이 맹거스펀지 2단계가 완성됩니다.

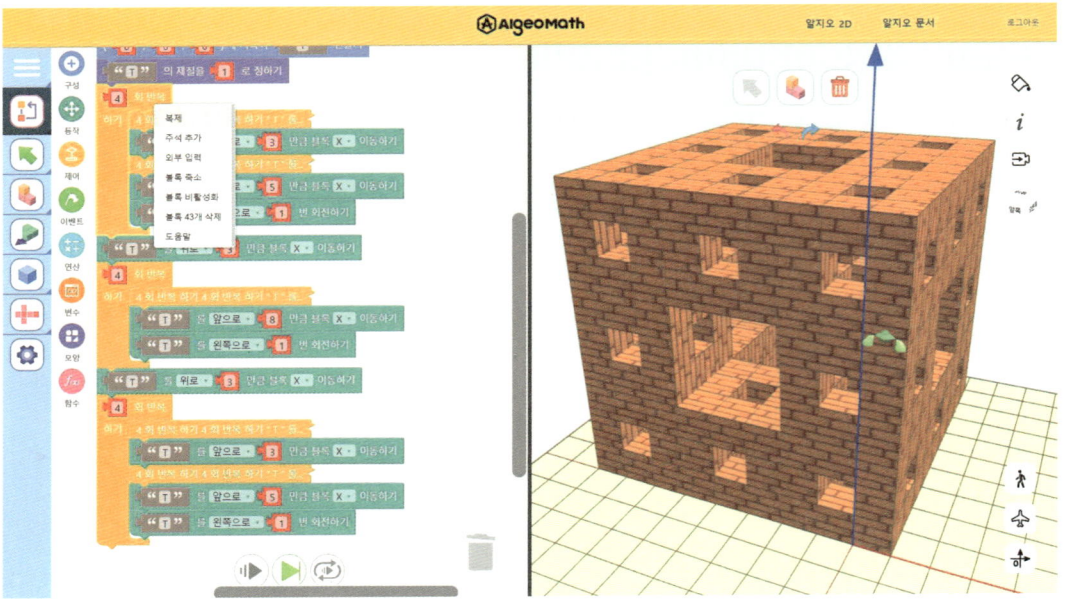

그림과 같이 맹거스펀지 2단계를 확장하여 맹거스펀지 3단계를 만드는 것도 가능합니다. 맹거스펀지 3단계를 만드는 구체적인 과정은 생략하겠습니다.

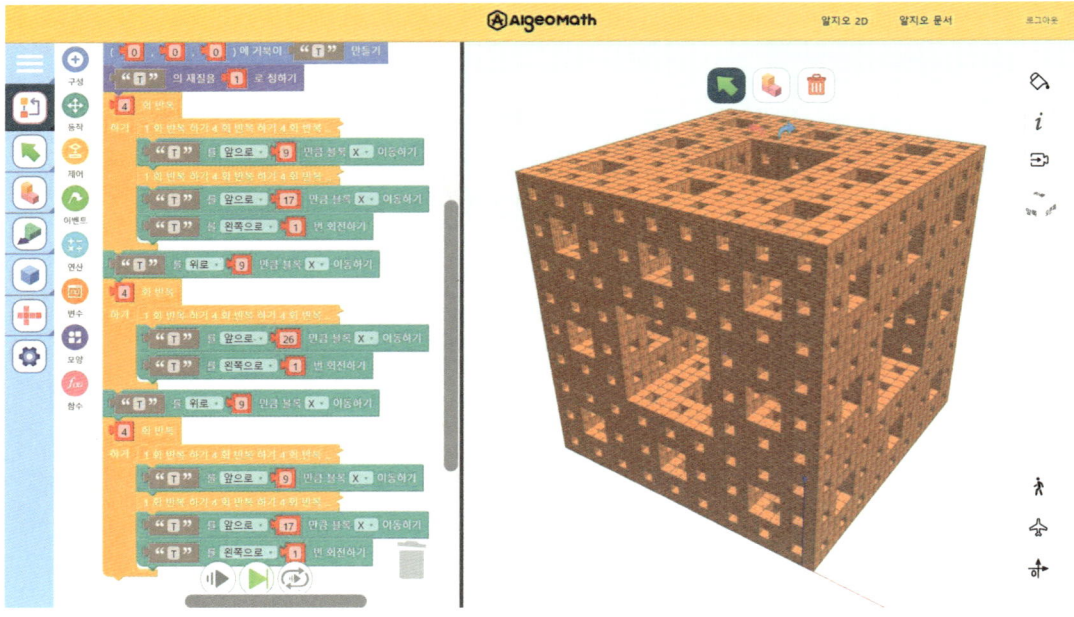

메뉴(☰)에서 STL출력(⬇)을 누르면 맹거스펀지를 3D 모델(.stl)로 다운받을 수 있습니다. 윈도우 기본 프로그램인 그림판 3D(🎨)를 이용하면 꾸미기도 가능합니다. 재미있게 맹거스펀지를 만들고, 꾸며보세요.

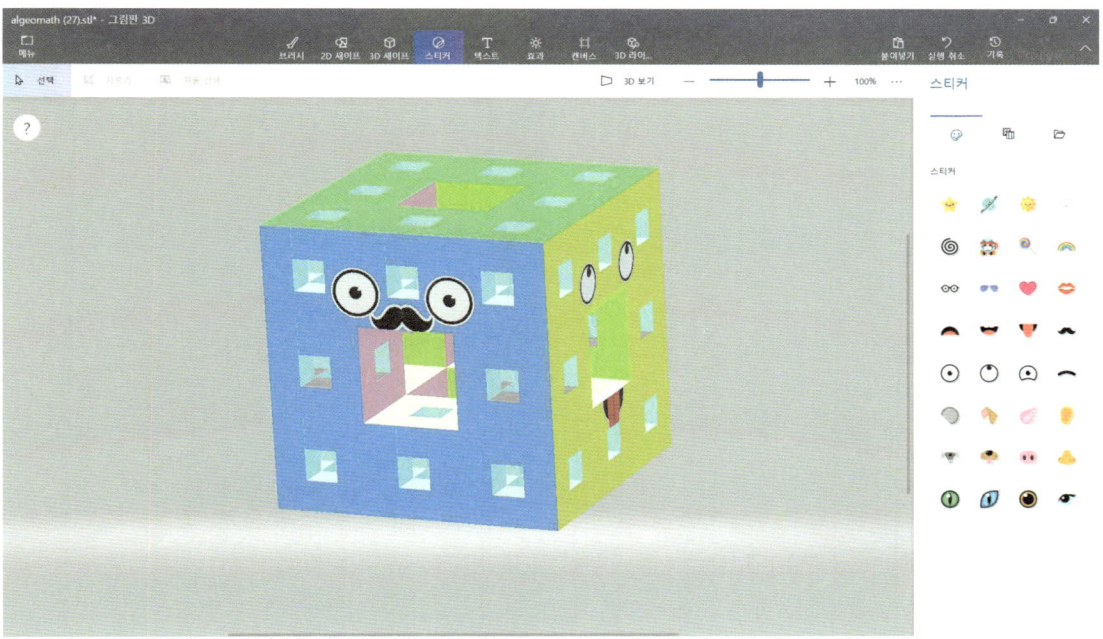

수와 연산 | 제곱근과 실수

16. 블록코딩을 활용한 제곱근의 근삿값 구하기

me2.do/GfbToGnp

활동 의도

제곱근의 근삿값을 구하는 가장 간단한 방법은 계산기를 활용하는 것입니다. 하지만 계산기를 활용한 방법으로는 제곱근의 근삿값이 왜 그렇게 나타나는지를 이해하기가 어렵습니다. 교과서에서는 자릿수를 늘려가면서 값을 추측해 나가는 과정도 소개하고 있지만, 이 또한 복잡한 계산 과정을 동반할 뿐만 아니라 직관적이지 않은 단점도 가지고 있습니다. 본 활동에서는 알지오매스 블록코딩을 활용하여 수직선에서 제곱근의 근삿값을 구하는 활동을 소개하고자 합니다.

교육과정 분석

학년	3학년	영역	수와 연산
성취기준	[9수01-07] 제곱근의 뜻과 성질을 알고, 제곱근의 대소 관계를 판단할 수 있다.		
성취기준 적용 시 고려 사항	✔ 제곱근과 무리수는 피타고라스 정리를 이용하여 도입할 수 있다. ✔ 한 변의 길이가 1인 정사각형의 대각선의 길이 등을 이용하여 무리수의 존재를 직관적으로 이해하게 한다. ✔ 제곱근의 값은 계산기 등을 이용하여 구할 수 있음을 알게 한다.		
단원의 지도목표	✔ 제곱근의 뜻을 알고, 제곱근을 구할 수 있게 한다. ✔ 제곱근의 성질을 이해하고, 제곱근의 크기를 비교할 수 있게 한다. ✔ 무리수와 실수의 개념을 이해하고, 실수를 수직선 위에 나타낼 수 있게 한다. ✔ 제곱근표와 계산기를 이용하여 제곱근의 값을 구할 수 있게 한다.		
단원의 지도상의 유의점	✔ 무리수를 소수로 나타내면 순환소수가 아닌 무한소수가 됨을 알게 한다. ✔ 수직선 위의 점들은 실수와 일대일 대응이 이루어짐을 직관적으로 이해하게 한다.		
관련 선행개념	거듭제곱, 소인수분해, 동류항, 유리수, 순환소수		

수준	성취 수준
하	주어진 수에서 유리수와 무리수를 구분할 수 있고, 계산기를 이용하여 제곱근의 값을 구할 수 있다.
중	무리수의 개념을 이해하고, 무리수를 수직선 위에 나타낼 수 있다. 제곱근표와 계산기를 이용하여 제곱근의 값을 구할 수 있다.
상	실수의 개념을 이해하고, 실수 체계를 구조화할 수 있다. 제곱근표와 계산기를 이용하여 제곱근의 값을 구할 수 있다.

성취수준

활동하기

이 활동에서 필요한 알지오매스 도구

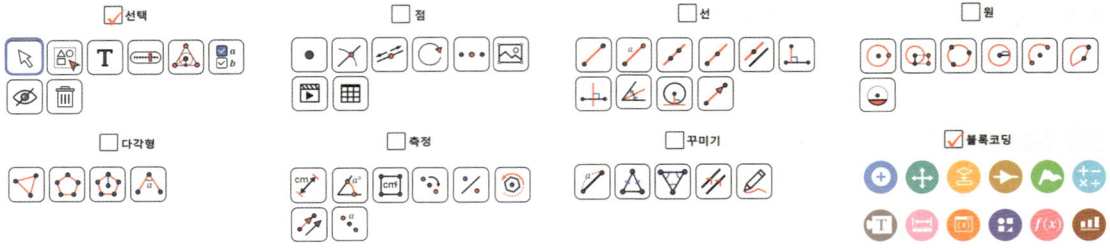

환경설정(⚙)에서 그리드(▦)의 설정을 변경합니다. '그리드 보기 설정'에서 'x축, 단위표시'를 체크(☑)하고, 'y축, 대격자, 소격자, x, y표시'는 체크해제(☐)합니다. '글꼴크기'를 20pt로 변경합니다.

환경설정(⚙)_2D(✏)에서 '점색: 검정(■), 점크기: 0pt, 선색: 검정(■)'으로 설정합니다.

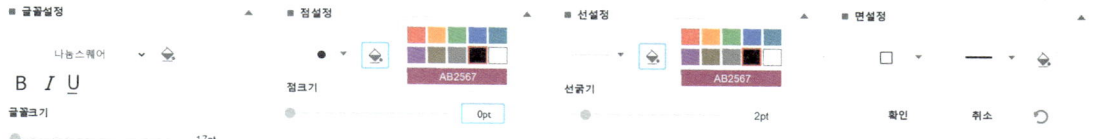

블록코딩(📇)_변수블록(📋)에서 변수 만들기... 을 실행한 후 '새 변수 이름'으로 n을 설정합니다. i 를 2 로 정하기 을 삽입한 후 변수를 n으로 바꿉니다. 텍스트블록(🔘)에서 메시지를 활용해 수 ▼ 입력 입력하세요 을 그림과 같이 삽입합니다.

텍스트 내용을 "제곱근 안에 들어갈 수를 적으세요."로 수정합니다. 블록코딩 실행(▶) 버튼을 누르면 아래와 같이 팝업창을 이용하여 변수 n의 값을 설정할 수 있습니다.

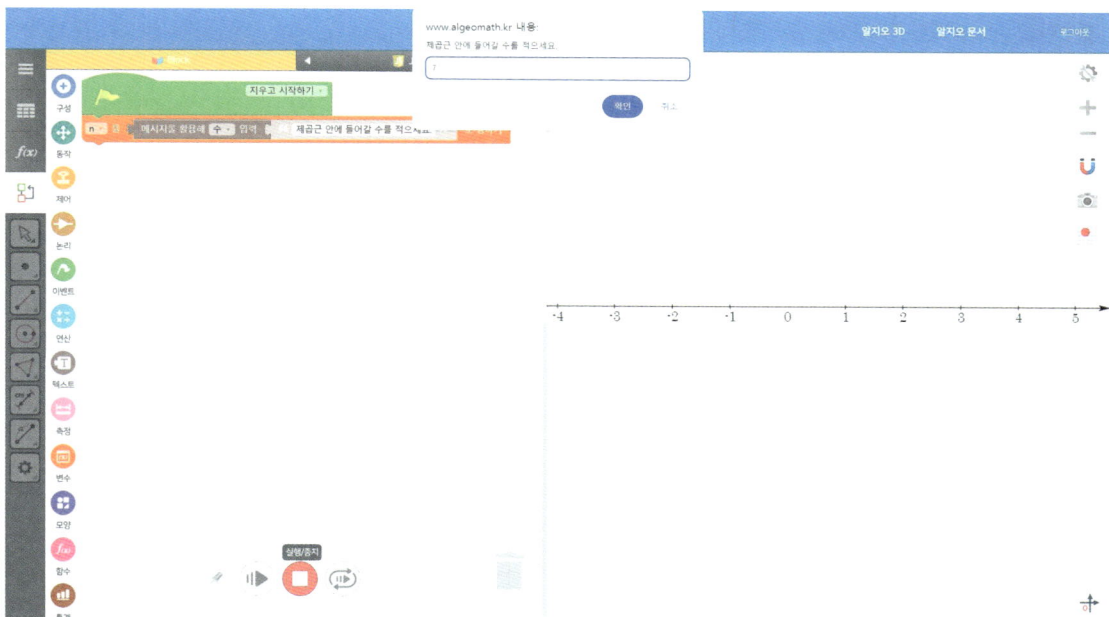

16. 블록코딩을 활용한 제곱근의 근삿값 구하기

동작블록(➕)의 ![화면을 (0, 0) 중심으로 배율 6 로 설정하기], 연산블록(✖)의 ![제곱근 9], 변수블록(📦)의 ![i] 을 이용하여 다음과 같이 $(\sqrt{n}, 0)$을 중심으로 배율을 10으로 설정합니다.

![화면을 (제곱근 n, 0) 중심으로 배율 10 로 설정하기]

근삿값의 소수점을 늘려감에 따라 배율을 10 → 31 → 54 → 80로 늘려갈 것입니다. 배율은 자신의 컴퓨터 환경에 따라 조정할 수 있습니다.

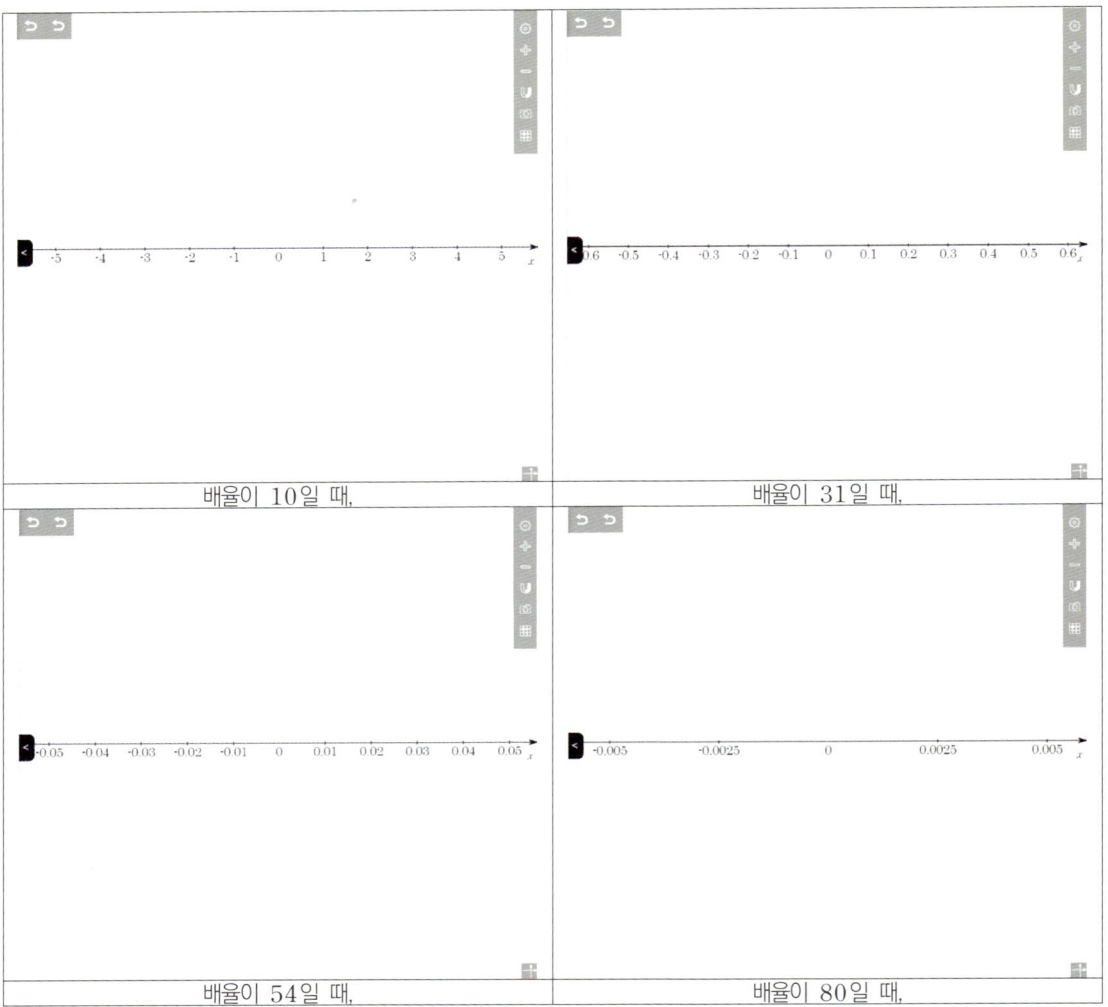

---

1) 배율은 −160이상 160이하로 설정할 수 있습니다. 배율 6이 기본값입니다.

구성블록의 (1, 2) 예 점 "A" 만들기, 연산블록의 제곱근 9, 반올림 3.1, 변수 블록의 i 을 이용하여 세 점 P, A, B를 생성합니다. 점 P는 $(\sqrt{n}, 0)$을 나타내는 점이고, 점 A, B는 각각 $(\sqrt{n}, 0)$의 x좌표를 소수점 첫째 자리에서 버림한 점과 올림한 점으로 점 P가 속하는 구간을 나타냅니다. 모양블록의 "A" 의 사이즈를 4, 기본 을(를) 1 번으로 변경하기 을 사용하여 점의 크기와 모양을 다음 그림과 같이 변경하면 훨씬 직관적인 화면을 만들 수 있습니다.

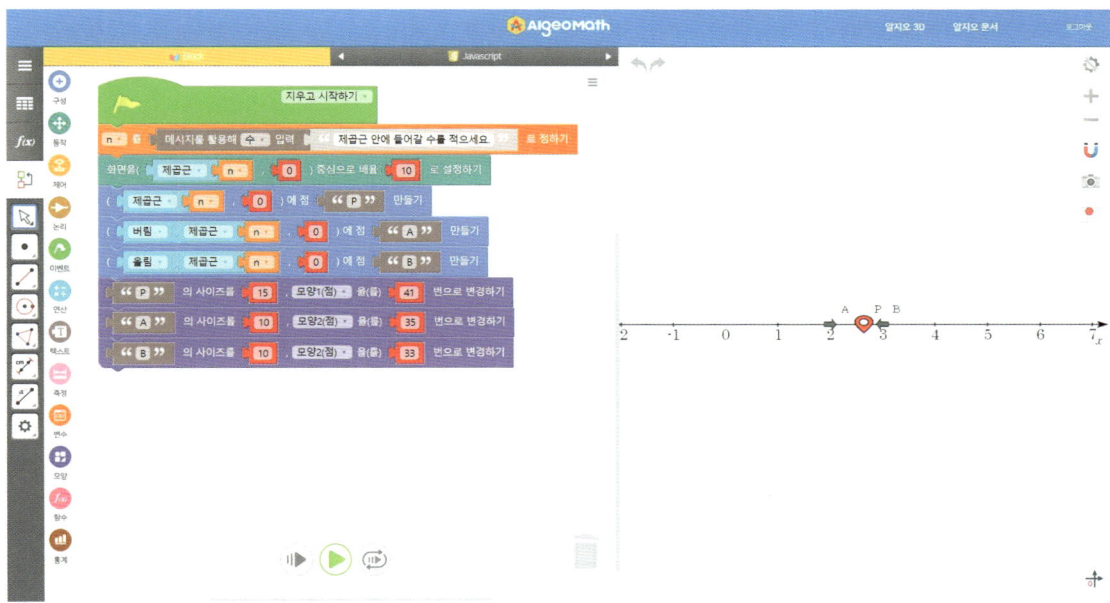

점 A, B의 자릿수가 늘어날 때 화면이 점점 확대되는 모습을 연출하려고 합니다. 화면의 배율을 10에서 31까지 늘리겠습니다. 화면의 배율을 늘릴 때는 제어블록의

반복문 (i = 0 , i < 10 이면, i += 1) 을 이용합니다. 여기서 변수 i는 배율을 나타냅니다. i의 초깃값을 10으로 하고, 1씩 더해가면서 31이 될 때($i \leq 31$)까지 확대되도록 설정합니다.

1.5 초 기다리기 을 이용하여 '0.1초 기다리기' 설정하면 배율이 연속적으로 확대되는 것처럼 연출할 수 있습니다.

이제 점 A, B의 자릿수를 소수점 아래로 늘려가야 합니다. 다음과 같이 연산블록의 5+5 , 제곱근 9 , 반올림 3.1 , 변수블록의 i 을 이용하여 점 P가 속한 구간의 양 끝점 A, B의 자릿수를 늘릴 수 있습니다. $\sqrt{n}$에 10을 곱한 다음 소수점 첫째 자리에서 내림(또는 올림)하고, 다시 10으로 나누면 점 A(또는 점 B)의 자릿수가 소수점 첫째 자리까지 늘어납니다.

 (또는 올림 10 × 제곱근 n ÷ 10)

그림과 같이 구성블록의 "A" 를 삭제하기 을 이용하여 기존의 점 A, B를 삭제하고, 자릿수를 늘린 새로운 점 A, B를 나타냅니다.

그리고 모양블록의 "A" 의 사이즈를 4 , 기본 을(를) 1 번으로 변경하기 을 다시 사용하여 점 A, B의 모양을 다음과 같이 변경합니다.

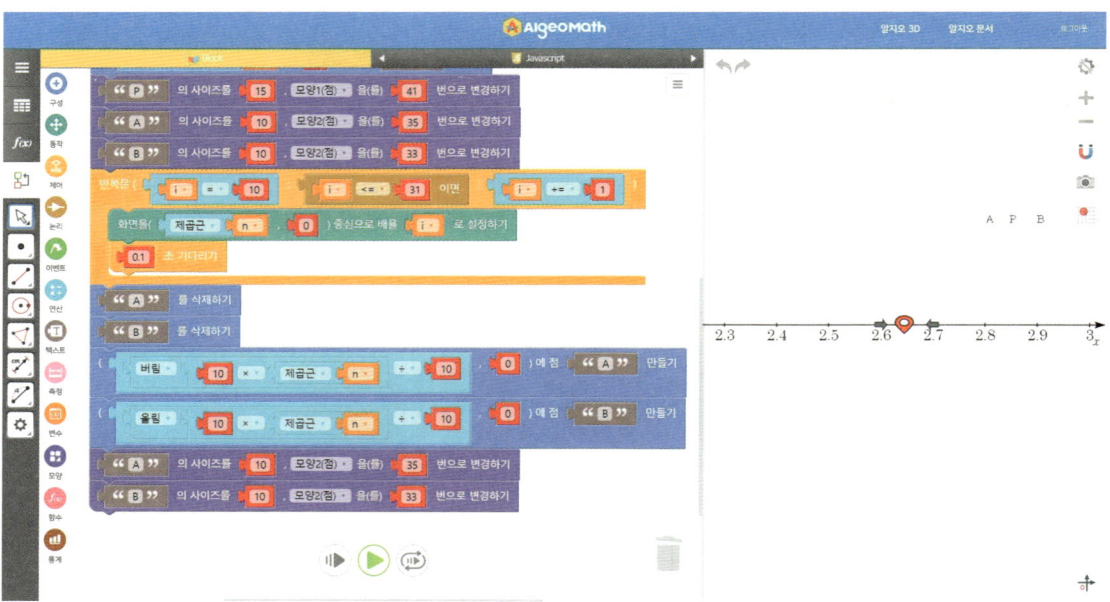

마찬가지 방법으로 다음과 같이 점 A, B의 값을 소수점 아래 둘째 자리까지 늘리고, 배율을 31에서 54까지 늘립니다. 이렇게 하면 점 P가 속하는 구간의 자릿수를 늘려나갈 수 있습니다.

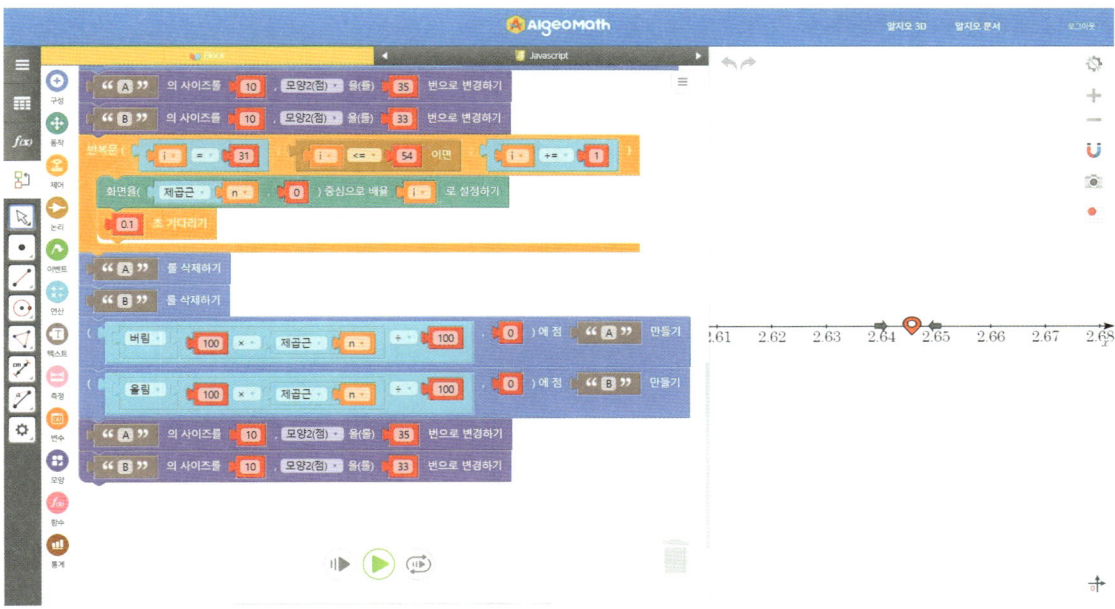

마찬가지 방법으로 다음과 같이 점 A, B의 값을 소수점 아래 셋째 자리까지 늘리고, 배율을 54에서 80까지 늘립니다. 점 A, B 중에서 점 P와 가까운 점의 x좌표가 $\sqrt{n}$의 근삿값입니다.

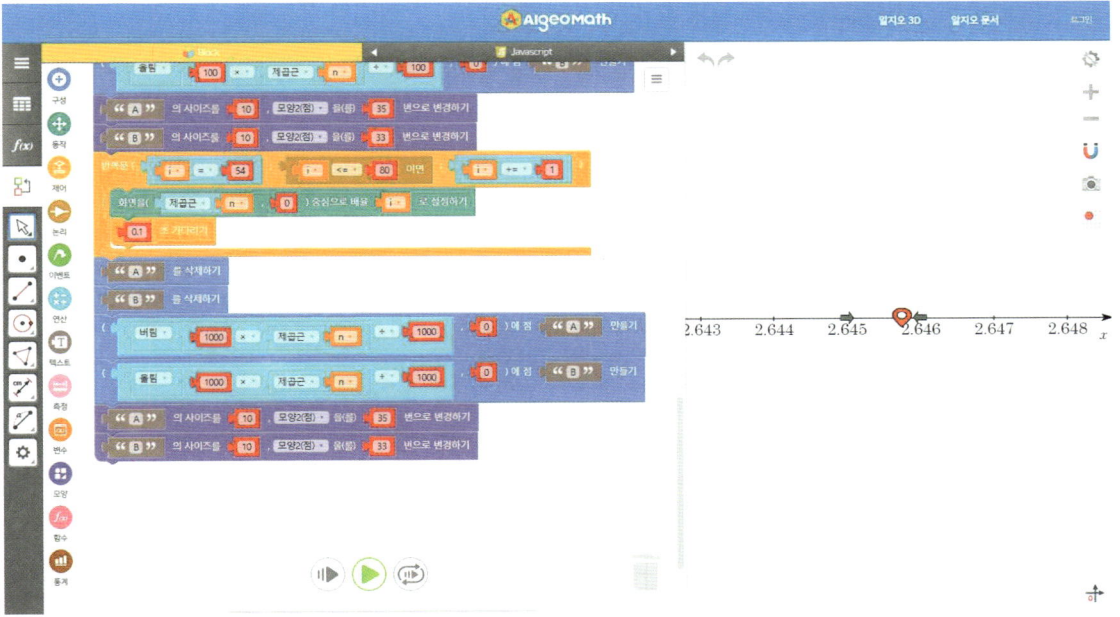

 변화와 관계 이차함수와 그 그래프

17. 자취 기능을 활용한 이차함수의 그래프 그리기

활동 의도

중학교 3학년에서는 이차함수 $y = ax^2 + bx + c$의 그래프를 그립니다. 일차함수의 그래프 그리기와 마찬가지로 변수 x의 값에 대한 함숫값 $f(x)$를 구하고, 좌표평면 위에 점 $(x, f(x))$를 찍어 그래프로 나타냅니다. 이때 변수 x의 값은 '수 전체'를 대상으로 합니다. 중학교 2학년 때에는 유리수 범위에서 일차함수의 그래프를 그렸지만, 중학교 3학년 때에는 실수 범위에서 그래프를 그리게 됩니다. 실수는 무수히 많으므로 모든 점 $(x, f(x))$를 좌표평면에 찍어 그래프를 그리는 것은 물리적으로 불가능합니다. 일차함수와 마찬가지로 x의 범위를 '정수 → 유리수 → 실수'로 확장하면서 $y = f(x)$를 만족시키는 점의 개수를 늘려나가고 x가 수 전체일 때 함수 $y = f(x)$의 그래프의 모양이 어떻게 될지 규칙을 찾게 해야 합니다. 본 활동에서는 일차함수의 그래프 그리기와 마찬가지로 자취 기능을 활용하여 이차함수의 그래프를 그리는 활동을 소개하고자 합니다.

교육과정 분석

학년	3학년	영역	도형과 측정
성취기준	[9수02-21] 이차함수의 개념을 이해한다. [9수02-22] 이차함수의 그래프를 그릴 수 있고, 그 성질을 설명할 수 있다.		
성취기준 적용 시 고려 사항	✔ 함수의 개념은 다양한 상황에서 한 양이 변함에 따라 다른 양이 하나씩 정해지는 두 양 사이의 대응 관계를 이용하여 도입한다. ✔ 다양한 상황을 이용하여 일차함수와 이차함수의 의미를 다룬다. ✔ 공학 도구를 이용하여 함수의 그래프를 그리거나 함수의 그래프의 성질을 탐구하게 한다.		
단원의 지도목표	✔ 다양한 상황을 표와 식으로 나타내고, 이차함수의 의미를 이해하게 한다. ✔ 이차함수의 그래프를 그리고, 그 성질을 이해하게 한다. ✔ 포물선, 축, 꼭짓점의 뜻을 알고 이를 이용하여 이차함수의 그래프를 그릴 수 있게 한다.		

단원의 지도상의 유의점	✔ 다양한 상황을 이용하여 이차함수의 의미를 다룬다. ✔ 다양한 상황을 일상 언어, 표, 그래프, 식으로 나타내고, 이들 사이의 상호 변환 활동을 하게 한다. ✔ 그래프 자체의 대칭은 알아보지만 그래프의 대칭이동은 다루지 않는다. ✔ 함수의 그래프를 그리고 여러 가지 성질을 탐구할 때 공학적 도구를 이용할 수 있다.	
관련 선행개념	일차함수, 평행이동, x절편, y절편, 기울기, 연립방정식의 해와 일차함수의 그래프	
성취수준	수준	성취 수준
	하	이차함수 $y=a(x-p)^2+q$를 만족시키는 x, y의 값을 찾아 대응표를 만든 후, 이를 이용하여 이차함수의 그래프를 그릴 수 있고 그 성질을 이해할 수 있다.
	중	이차함수 $y=ax^2$의 그래프를 이용하여 $y=a(x-p)^2+q$의 그래프를 그릴 수 있고 그 성질을 이해할 수 있다.
	상	이차함수 $y=ax^2$의 그래프를 이용하여 $y=a(x-p)^2+q$의 그래프를 그릴 수 있다. 또한, 두 이차함수의 그래프의 성질을 이해하고 이를 비교하여 설명할 수 있다.

활동하기

이 활동에서 필요한 알지오매스 도구

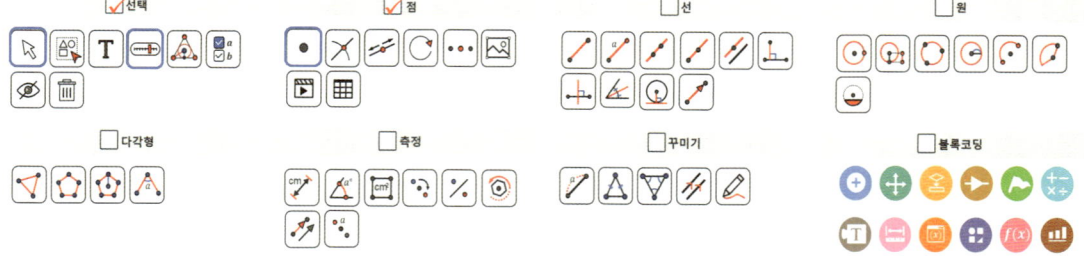

선택 메뉴(⬚)에서 슬라이더(⬚)를 이용하여 슬라이더 a, p, q, b를 삽입합니다. 'a, p, q'는 각각 이차함수 $y = a(x-p)^2 + q$에서 'a, p, q의 값'을 의미하고, b는 변수 x를 의미합니다. a, p, q, b 모두 초깃값을 1로 설정합니다.

- 슬라이더 a는 '간격 단위: 0.1, 최솟값: -5, 최댓값: 5'
- 슬라이더 p, q는 '간격 단위: 1, 최솟값: -5, 최댓값: 5'
- 슬라이더 b는 '간격 단위: 1, 최솟값: -10, 최댓값: 10'

환경설정(⚙)에서 그리드(⬚)의 설정을 변경합니다. '그리드 보기 설정'에서 '⬚ 소격자'를 체크해제합니다. 'x, y축 범위 설정'을 켜고(⬚) '$-y$축'의 값과 '$+y$축'의 값을 각각 -10, 10으로 변경합니다. 그리고 '글꼴 크기'를 20pt로 설정합니다.

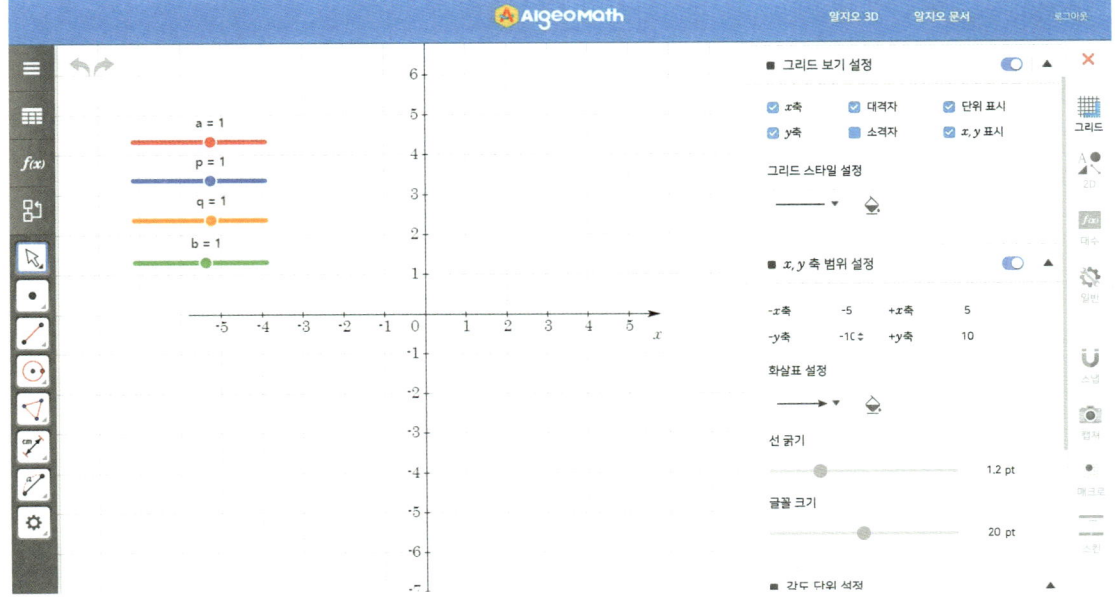

대수창(f(x))에 점을 ➕ $(b, a(b-p)^2 + q)$ 와 같이 입력합니다. 이 점은 이차함수 $y = a(x-p)^2 + q$ 위의 점으로서 슬라이더 a, p, q, b의 값에 따라 위치가 달라진다는 것을 확인할 수 있습니다.

이차함수 $y = 2(x-1)^2 - 3$을 나타내 보겠습니다. 슬라이더 a, p, q의 값을 $a = 2$, $p = 1$, $q = -3$으로 설정합니다. 그리고 슬라이더 b(변수 x)의 값은 0으로 나타냅니다.

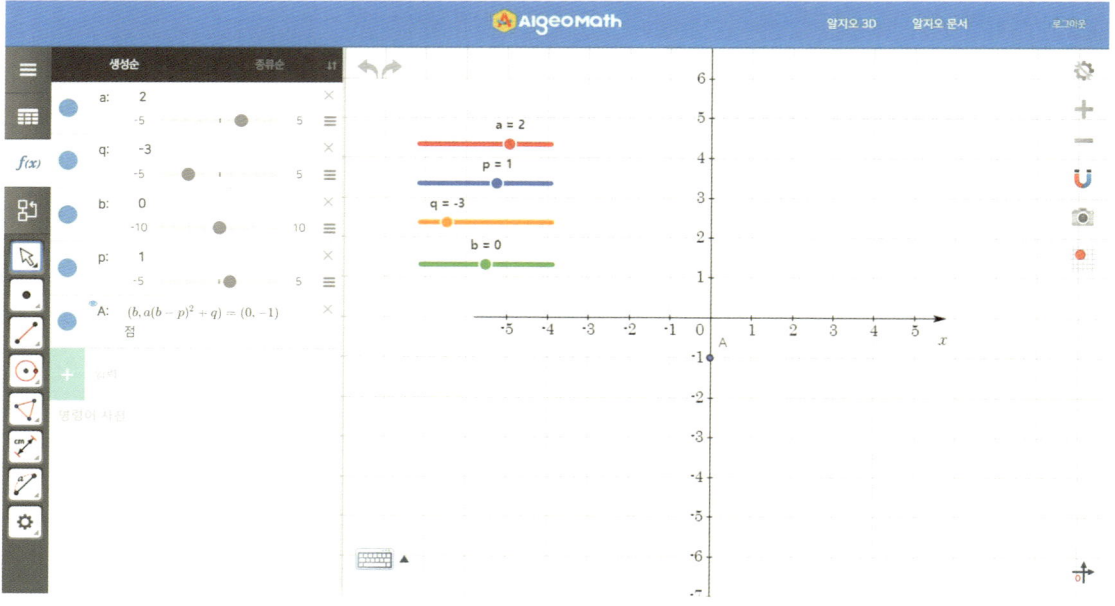

점 A를 선택 후 설정 팝업창 ![icons] 에서 자취(![icon])를 활성화합니다. 다음으로 슬라이더 b를 선택한 후 애니메이션 설정에서 Faster(![icon])를 10번 눌러 20배속(20.0×)으로 변경하고, Play(![icon])를 선택하면 기하창에 점의 자취가 남습니다. 슬라이더 b의 값이 0이고, 간격 단위가 1이기 때문에 슬라이더 범위 내에서 변수 x의 값이 1씩 변하면서 점의 자취가 남습니다.

슬라이더 b의 간격을 '1 → 0.5 → 0.2 → 0.1 → 0.05 → 0.01'로 줄여가면서 자취를 관찰합니다. 모니터 해상도, 화면 확대 비율에 따라서 배율이 0.1 또는 0.05에서도 선처럼 이어져 보이기도 합니다. b의 간격은 컴퓨터 환경에 맞게 설정하면 됩니다.

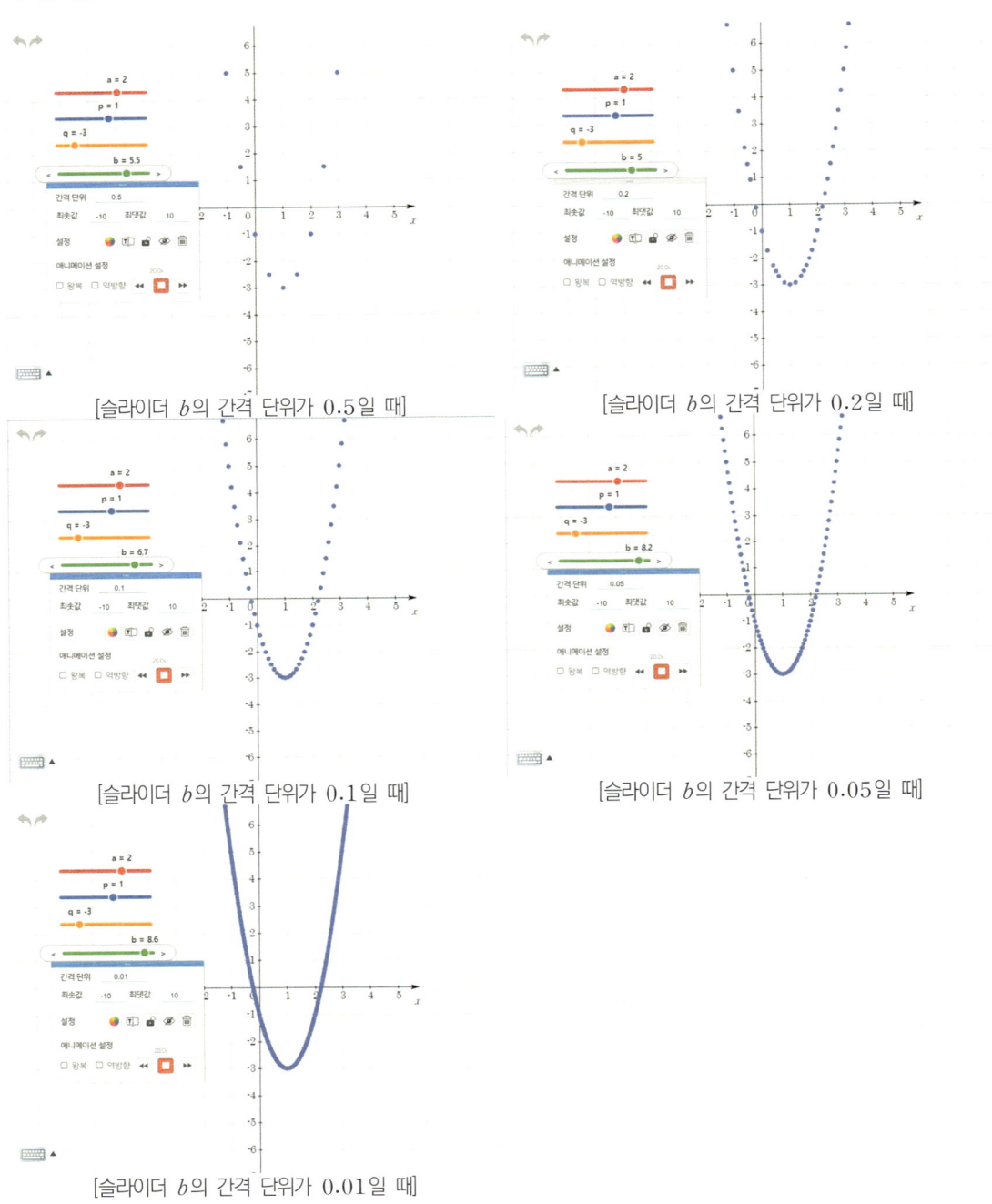

[슬라이더 b의 간격 단위가 0.5일 때]   [슬라이더 b의 간격 단위가 0.2일 때]

[슬라이더 b의 간격 단위가 0.1일 때]   [슬라이더 b의 간격 단위가 0.05일 때]

[슬라이더 b의 간격 단위가 0.01일 때]

슬라이더 a, p, q의 값을 변경하고 위의 과정을 다시 반복합니다. 이러한 과정을 거쳐 a, p, q의 값에 따라 그래프의 모양이 어떻게 나타나는지 확인하고, 이차함수 그래프의 성질을 유도합니다. 대수창(f(x))에 대수식 $y = ax^2$ 을 입력하면 기하창에 $y = ax^2$의 그래프가 나타납니다. 이를 통해 $y = a(x-p)^2 + q$의 그래프는 $y = ax^2$의 그래프를 x축의 방향으로 p만큼, y축의 방향으로 q만큼 평행이동하여 나타낼 수 있다는 것을 확인할 수 있습니다.

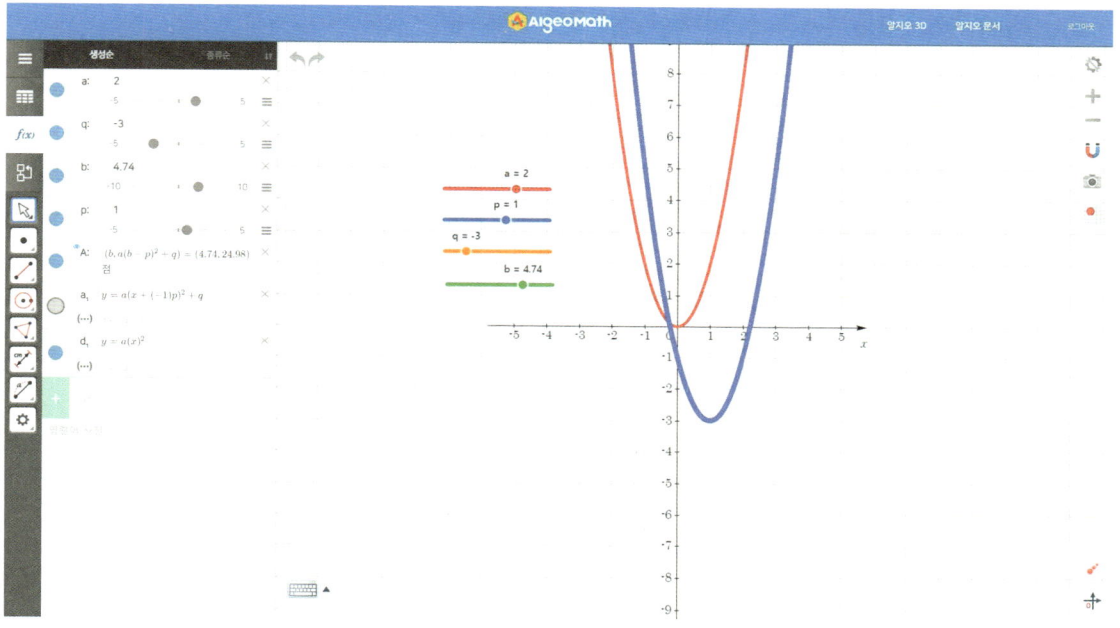

17. 자취 기능을 활용한 이차함수의 그래프 그리기

이제 이차함수 $y=a(x-p)^2+q$의 그래프를 대수식으로 기하창에 나타내 보겠습니다. 먼저 화면 우측 하단에 있는 모든 자취 끄기(•°)를 선택합니다.

대수창(f(x))에 대수식을 $+\ y=a(x-p)^2+q$ 와 같이 입력하면 이차함수 $y=a(x-p)^2+q$의 그래프가 나타납니다. $+\ a(x-p)^2+q$ 또는 $+\ (x,\ a(x-p)^2+q)$ 와 같이 입력해도 같은 이차함수의 그래프가 그려집니다. 슬라이더 a, p, q의 값을 변경하면서 그래프의 모양 변화를 관찰합니다. 이차함수 $y=ax^2$과 $y=a(x-p)^2+q$를 비교하여 살펴보면 이차함수 그래프의 성질을 더욱 쉽게 확인할 수 있습니다. 참고로 이차함수 그래프 위에 마우스 커서를 위치시키면 이차함수의 최솟값과 꼭짓점, 축의 방정식이 그래프에 표시됩니다.

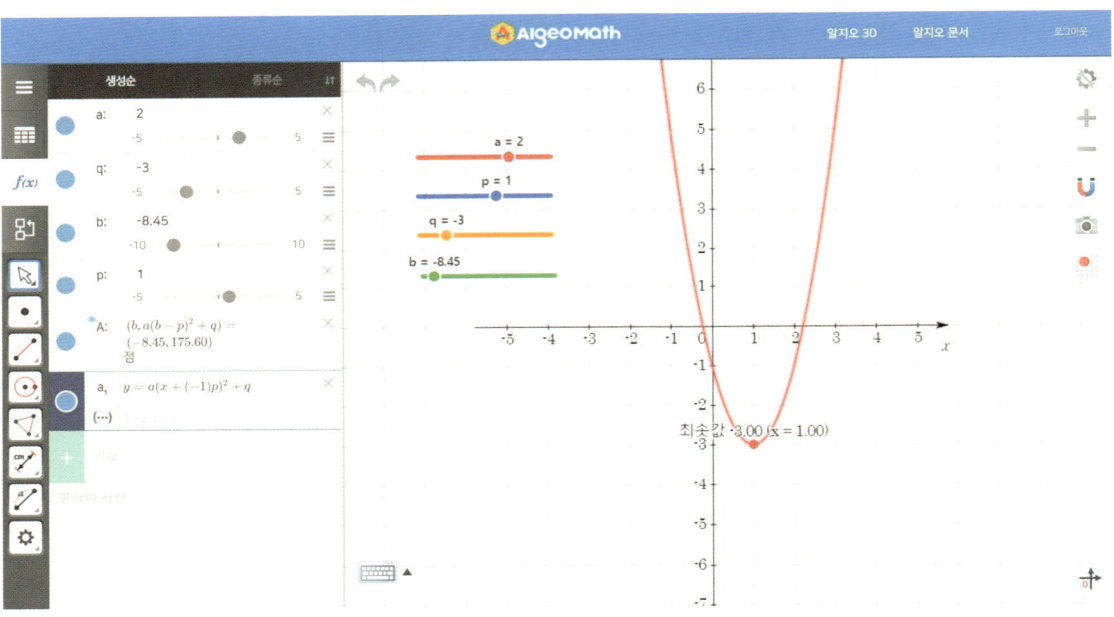

 도형과 측정 삼각비

me2.do/lgDgsVJn

18. 삼각비를 이용한 건물의 높이 구하기

활동 의도

 삼각비가 실생활에서 가장 중요하게 활용될 수 있는 예는 건물의 높이를 구할 때입니다. 삼각비를 배울 때 줄자와 클리노미터를 들고 운동장에 나와 학교 건물의 높이를 구하는 활동은 가장 많이 이뤄지는 프로젝트 활동입니다. 요즘은 스마트폰 앱으로도 클리노미터, 거리 측정이 가능하여 더 쉽게 활동할 수 있습니다. 본 활동에서는 알지오매스에서 삼각비를 이용하여 건물의 높이 구하는 활동을 소개하고자 합니다.

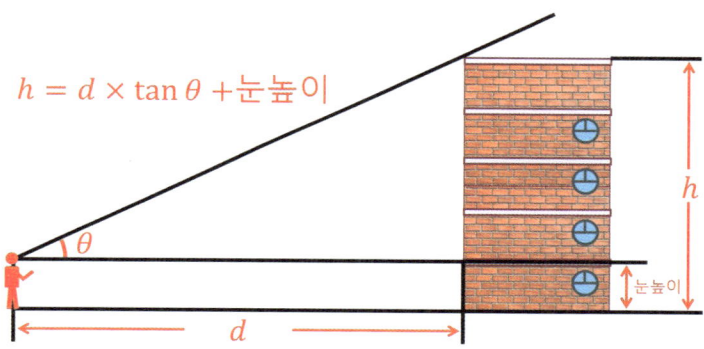

교육과정 분석

학년	3학년	영역	도형과 측정
성취기준	[9수03-16] 삼각비의 뜻을 알고, 간단한 삼각비의 값을 구할 수 있다. [9수03-17] 삼각비를 활용하여 여러 가지 문제를 해결할 수 있다.			
성취기준 적용 시 고려 사항	✔ 삼각비 사이의 관계는 다루지 않는다. ✔ 삼각비의 값은 0°에서 90°까지의 각도에 대한 것만 다룬다. ✔ 주변의 건축물, 문화유산, 예술 작품 등에서 도형의 성질을 찾게 하여 수학에 대한 흥미와 관심을 가질 수 있게 한다.			
단원의 지도목표	✔ 삼각비를 활용하여 길이, 거리, 높이 등을 구할 수 있다. ✔ 삼각비를 활용하여 여러 가지 문제를 해결할 수 있게 한다.			
단원의 지도상의 유의점	✔ 삼각비를 활용하여 직접 측정하기 어려운 거리나 높이 등을 구해 보는 활동을 통해 그 유용성을 인식하게 한다. ✔ 삼각비의 활용은 단순한 소재를 택하여 간단히 다룬다.			

	✔ 실생활 소재를 다룰 때, 계산이 복잡한 경우에는 계산기를 이용하게 할 수 있다. ✔ 공학적 도구나 다양한 교구를 이용하여 삼각비의 값을 구해 보게 한다.
관련 선행개념	닮은 도형, 닮은 평면도형에서의 성질, 삼각형의 닮음 조건, 피타고라스 정리
성취수준	<table><tr><td>수준</td><td>성취 수준</td></tr><tr><td>하</td><td>삼각비를 활용하여 직각삼각형의 한 변의 길이를 구할 수 있다.</td></tr><tr><td>중</td><td>삼각비를 활용하여 직각삼각형의 한 변의 길이와 삼각형의 넓이를 구할 수 있다.</td></tr><tr><td>상</td><td>삼각비를 활용하여 여러 가지 문제를 해결할 수 있다.</td></tr></table>

활동하기

이 활동에서 필요한 알지오매스 도구

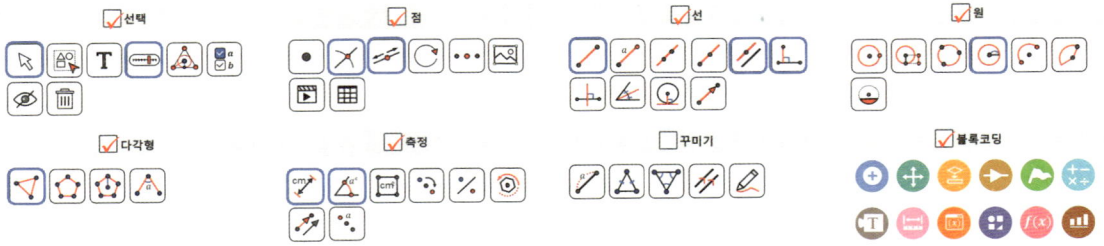

우측 상단에 있는 환경설정(⚙)_그리드(▦)에서 그리드 보기 설정을 해제합니다.

먼저 사람과 건물을 세울 땅을 나타내 보고자 합니다. 대수창(fx)을 실행한 후 $y \leq 0$ 을 입력합니다. 선($y = 0$)을 선택 후 선의 색상을 주황(■)으로 변경하면 땅과 같은 모습을 연출할 수 있습니다.

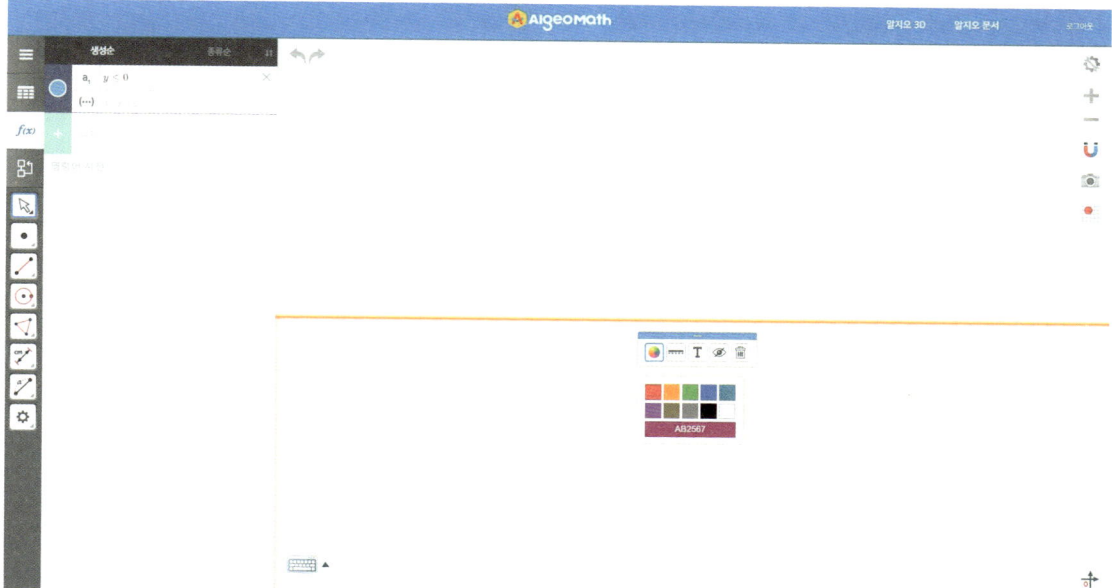

점 메뉴(•)에서 대상 위의 점(✎)을 이용하여 사람이 서 있는 점 A와 건물의 바닥 양 끝점 B, C를 나타냅니다.

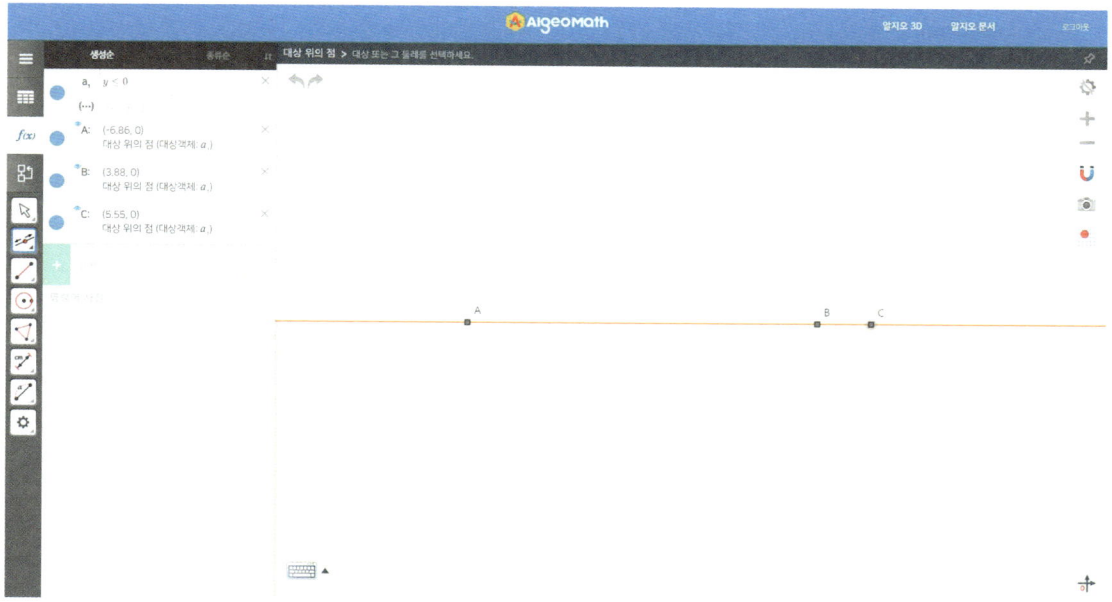

18. 삼각비를 이용한 건물의 높이 구하기

선 메뉴(✏)에서 수선(⊥)을 이용하여 점 A를 지나고, $y=0$에 수직인 직선 c_1을 나타냅니다. 마찬가지로 점 B, C를 지나고 $y=0$에 수직인 직선 d_1, e_1을 각각 나타냅니다.

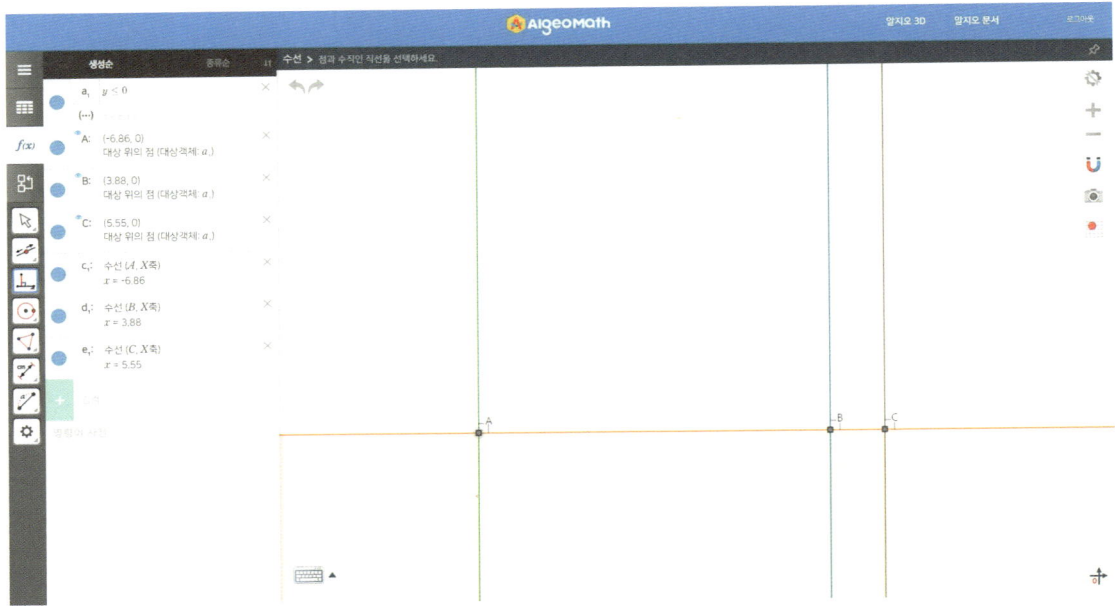

선택 메뉴(▣)에서 슬라이더(⊟)를 이용하여 사람의 눈높이 a를 다음과 같이 나타냅니다. 초깃값은 $a=1.7$로 설정합니다.

- 슬라이더 a(눈높이) '간격 단위: 0.1, 최솟값: 1.5, 최댓값: 2

원 메뉴( )에서 중심과 반지름( )을 이용하여 점 A를 중심으로 하고, 슬라이더 a의 값을 반지름으로 하는 원 f_1을 나타냅니다.

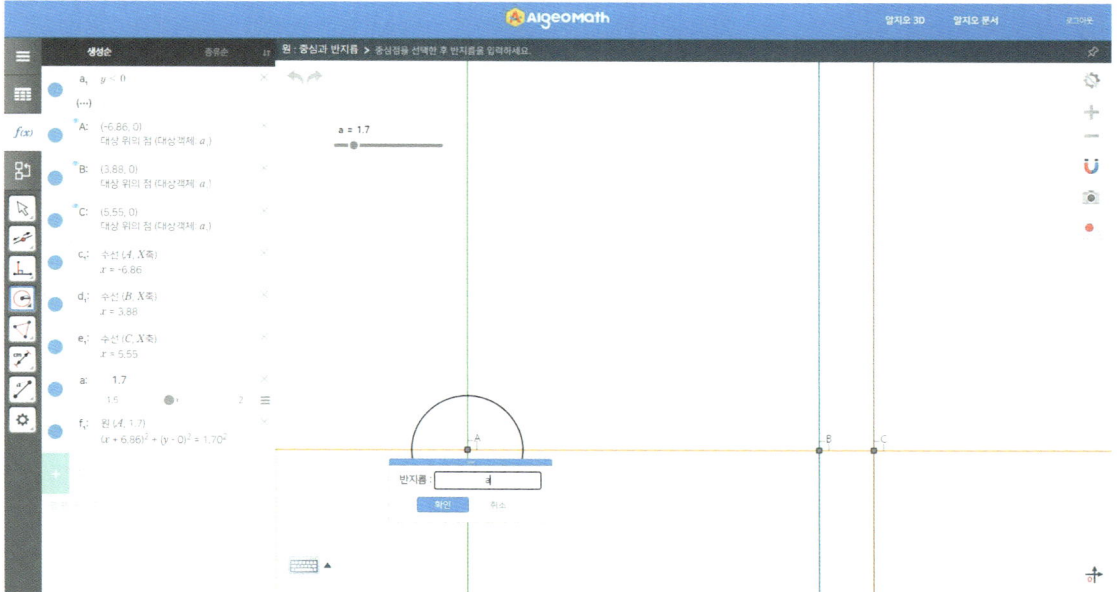

점 메뉴( )에서 교점( )을 이용하여 원 f_1과 수선 c_1의 교점 A_1, B_1을 나타냅니다. x축 위의 교점 B_1을 선택하여 팝업창   에서 점의 모양( )을 선택하고, 점의 크기를 36, 점의 모양은 사람 형태 중 하나로 설정합니다.

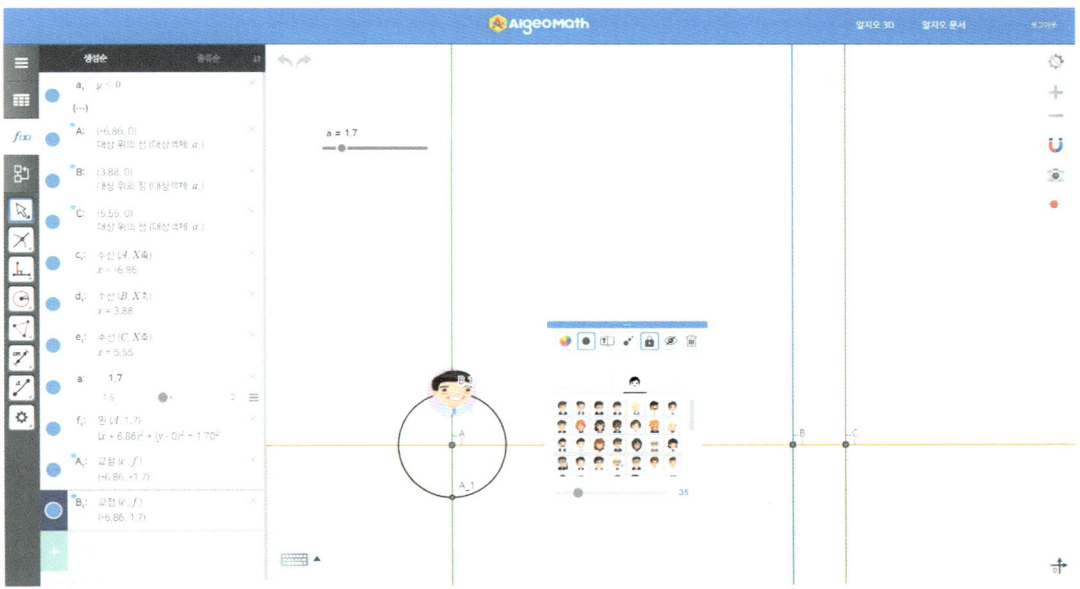

18. 삼각비를 이용한 건물의 높이 구하기

점 메뉴(•)에서 대상 위의 점(✏)을 이용하여 수선 d_1 위의 점 D를 나타냅니다.

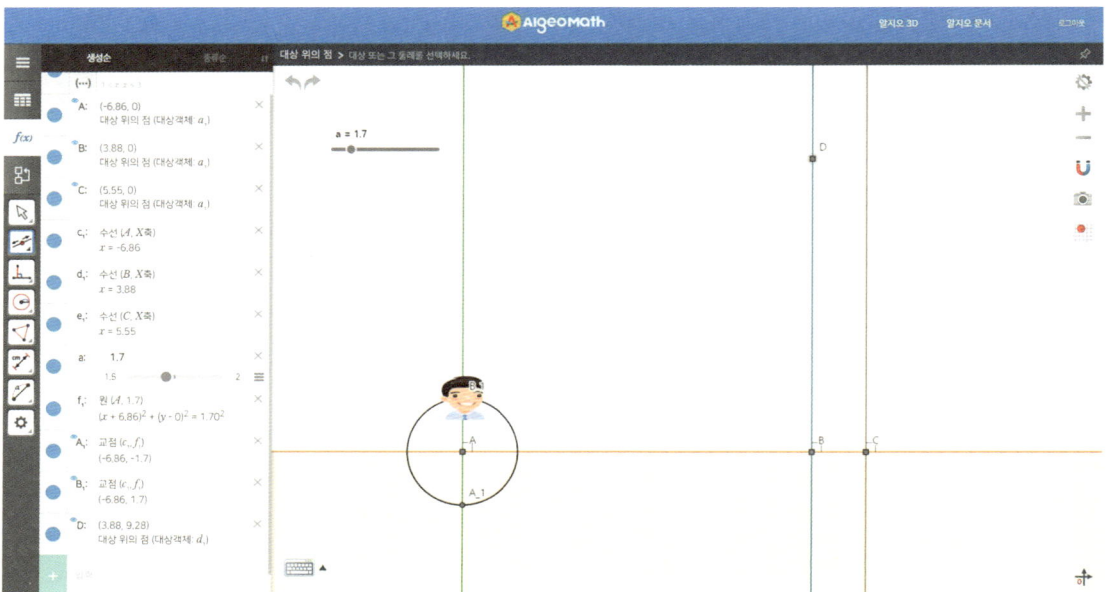

선 메뉴(✏)에서 평행선(✏)을 이용하여 점 D를 지나고, 직선 $y = 0$과 평행한 직선 h_1을 나타냅니다. 그리고 점 메뉴(•)에서 교점(✕)을 이용하여 직선 h_1과 수선 e_1의 교점 D_1을 나타냅니다. 다음으로 다각형 메뉴(▽)에서 다각형(▽)을 이용하여 직사각형 BCD_1D를 나타냅니다. 직사각형 BCD_1D은 높이를 측정하고자 하는 건물입니다.

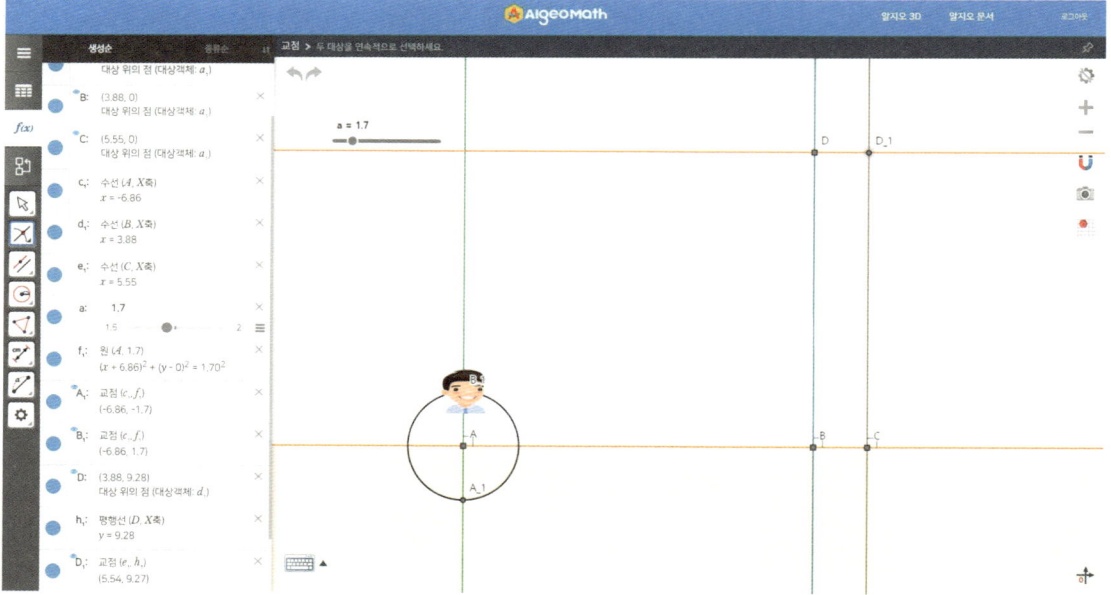

선 메뉴(✏)에서 평행선(✏)을 이용하여 점 B_1을 지나고, 직선 a_1(또는 h_1)과 평행한 직선 o_1을 나타냅니다. 점 메뉴(•)에서 교점(✕)을 이용하여 직선 o_1과 직선 d_1, e_1의 교점을 각각 C_1, E_1로 나타냅니다.

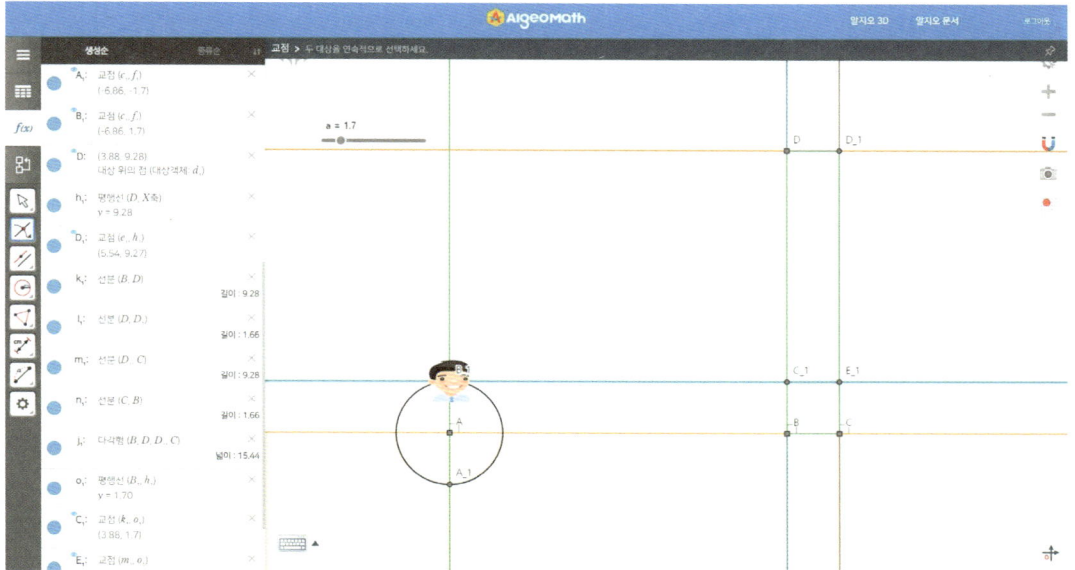

선 메뉴(✏)에서 선분(✏)을 이용하여 선분 B_1D를 나타냅니다. 그리고 측정 메뉴(✏)에서 각도(✕)를 이용하여 $\angle C_1B_1D$를 측정합니다. ✕를 선택하고, 각의 꼭짓점 B_1을 중간에 두고 시계방향으로 세 점을 선택하면 됩니다. 즉, ✕을 선택하고, $C_1 \rightarrow B_1 \rightarrow D$ 순으로 세 점을 선택합니다. 측정한 각은 클리노미터를 이용하여 건물 꼭대기를 올려봤을 때의 각도와 같습니다.

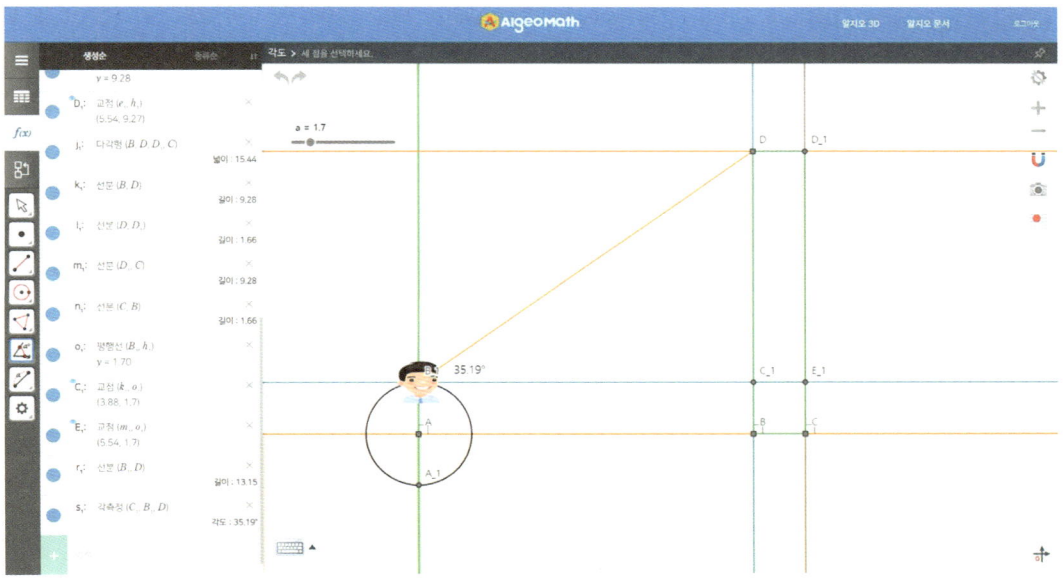

18. 삼각비를 이용한 건물의 높이 구하기

측정 메뉴(✏)에서 길이(✏)를 이용하여 $\overline{AB}$(사람으로부터 건물까지의 거리)와 $\overline{CE_1}$(사람의 눈높이)의 길이를 측정합니다. ✏을 선택한 상태에서 선분의 양 끝점을 차례로 선택하면 됩니다. $\overline{CE_1}$의 길이는 사람의 눈높이로서 슬라이더 a의 값과 같은 값이 나타납니다.

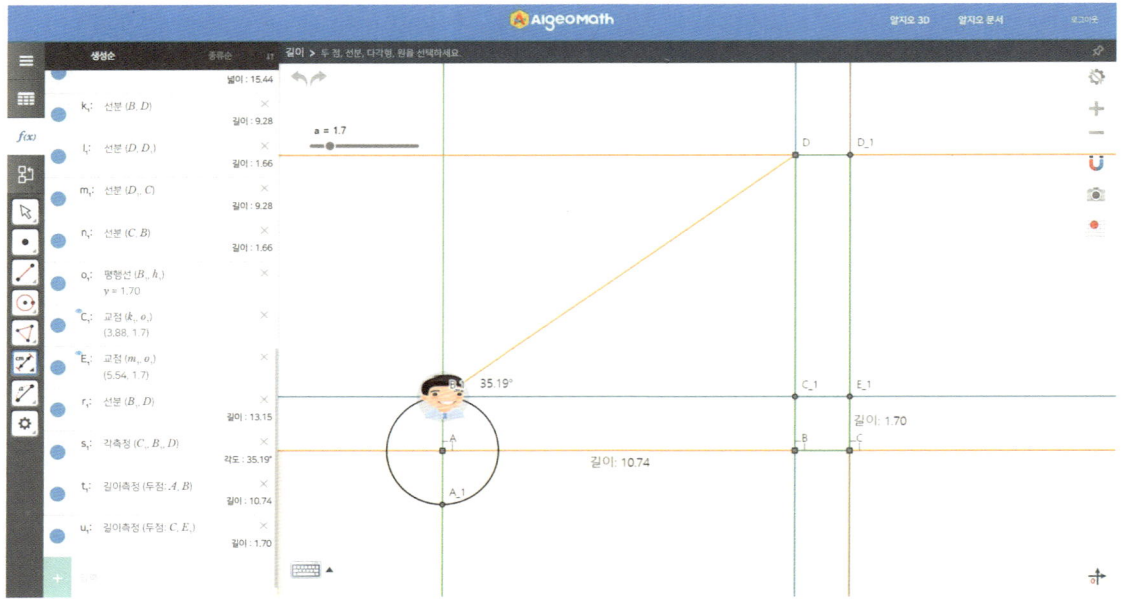

지금부터는 측정한 값을 바탕으로 건물의 높이를 계산하면 됩니다. 계산은 계산기를 사용하거나 삼각비의 표를 이용하여 활동지에 계산을 해보도록 지도할 수도 있습니다. 계산 과정에는 다음과 같은 식이 사용됩니다.

(건물의 높이)$= \overline{AB} \tan \angle C_1B_1D + \overline{CE_1} = 10.74 \times \tan 35.19° + 1.7 ≒ 9.28$

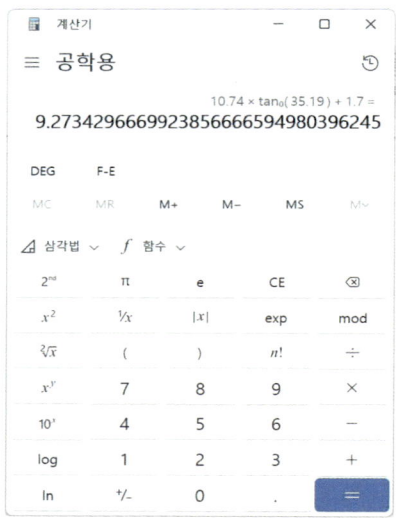

계산 결과가 맞는지는 측정 메뉴(📐)에서 길이(📏)를 이용하여 $\overline{CD_1}$의 길이를 측정하면 확인할 수 있습니다.

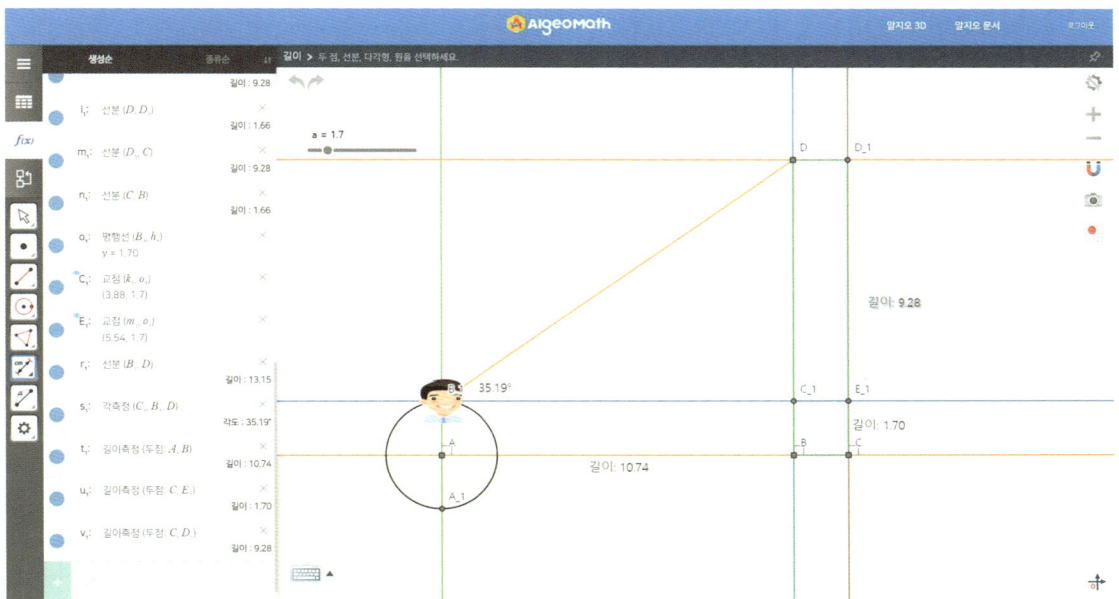

건물의 높이를 측정하는 또 다른 방법은 알지오매스의 블록코딩을 이용하는 것입니다. 구성블록(⊕)에서 ![block] 을 활용하여 건물의 높이가 기하창에 출력되도록 해 보겠습니다. '(건물의 높이)$=\overline{AB}\tan\angle C_1B_1D + \overline{CE_1}$'의 값을 출력하기 위해 측정블록(▣)의 ![block], ![block], ![block] 과 연산블록(✚)의 ![block], ![block] 을 사용하려고 합니다.

블록코딩을 할 때 블록이 너무 가로로 길게 나타날 경우 블록의 일부가 보이지 않아 어려움을 겪기도 합니다. 이때에는 해당 블록을 마우스로 우클릭하여 '입력 여러줄로 하기'를 선택하면 더욱 쉽게 블록코딩할 수 있습니다.

18. 삼각비를 이용한 건물의 높이 구하기

'입력 여러줄로 하기'를 사용하여 다음과 같이 입력하면 건물의 높이 '$\overline{AB}\tan\angle C_1B_1D + \overline{CE_1}$'을 블록 코딩할 수 있습니다.

이를 블록에 끼우고 블록코딩을 실행하면 건물의 높이가 기하창에 나타납니다. 텍스트 위치 좌표와 모양블록(⊕)에서 블록, 블록을 이용하면 측정값이 나타나는 위치와 텍스트의 색상, 크기를 변경할 수도 있습니다. 다음은 블록코딩 화면과 전체 화면을 캡쳐하여 나타낸 것입니다.

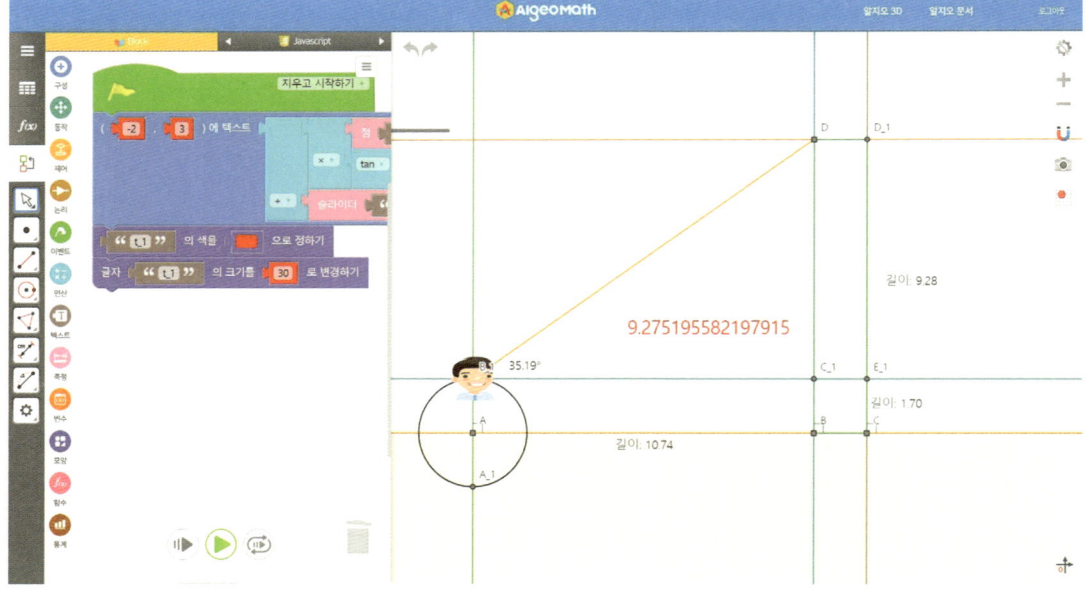

슬라이더 a의 값, 대상 위의 점 A, B, C, D의 위치를 변경하면서 다양하게 건물의 높이를 측정할 수 있습니다. 또한 외부에서 직접 실측한 데이터를 시각화하여 계산하는 도구로도 활용할 수 있습니다.

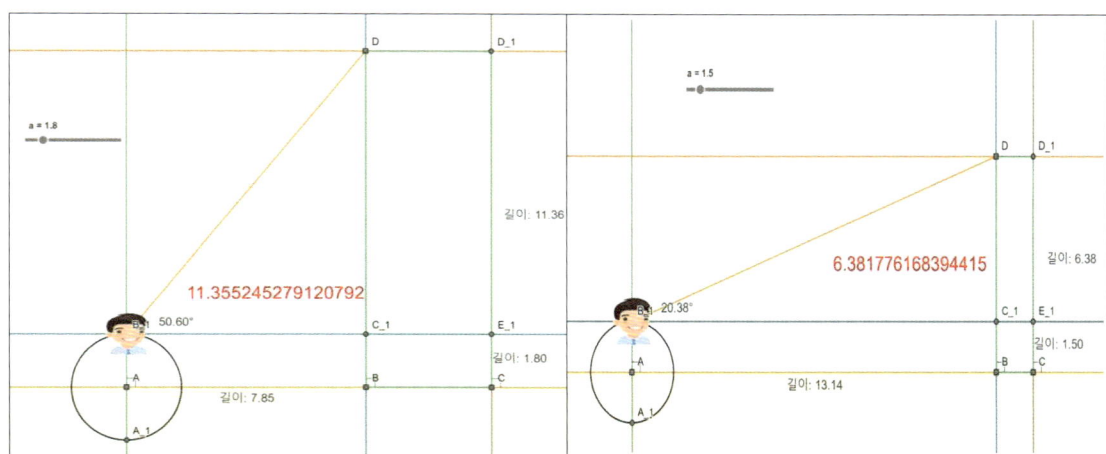

도형과 측정 원의 성질

me2.do/5teXvNyE

19. 원의 현을 이용한 스트링아트

활동 의도

스트링아트는 점과 점 사이를 채색된 실로 연결하여 나타내는 방식의 예술 작품으로 수학에서도 다각형이나 원을 이용한 스트링아트는 인기 있는 활동입니다. 가장 흔히 하는 스트링아트는 정다각형과 원 내부에 길이가 같은 선분을 규칙적으로 연결하여 나타내는 것입니다. 원의 성질 중에 '중심으로부터 같은 거리에 있는 현의 길이는 같다'는 성질이 있습니다. 본 활동에서는 원에서 중심으로부터 같은 거리에 있는 현에 자취를 남겨 스트링아트로 나타내는 과정을 소개하고자 합니다.

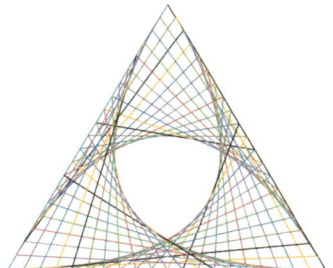
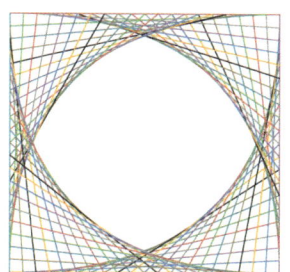
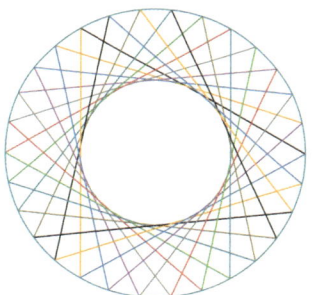

교육과정 분석

학년	3학년	영역	도형과 측정
성취기준	[9수03-18] 원의 현에 관한 성질과 접선에 관한 성질을 이해하고 정당화할 수 있다.		
성취기준 적용 시 고려 사항	✔ 다양한 교구나 공학 도구를 이용하여 도형을 그리거나 만들어 보는 활동을 통해 도형의 성질을 추론하고 토론할 수 있게 한다. ✔ 주변의 건축물, 문화유산, 예술 작품 등에서 도형의 성질을 찾게 하여 수학에 대한 흥미와 관심을 가질 수 있게 한다.		
단원의 지도목표	✔ 원의 현에 관한 성질을 이해하게 한다.		
단원의 지도상의 유의점	✔ 다양한 교구나 공학 도구를 이용하여 도형을 그리거나 만들어 보는 활동을 통해 도형의 성질을 추론하고 토론할 수 있게 한다.		

관련 선행개념	원의 원주와 넓이	
성취수준	수준	성취 수준
	하	원의 현에 관한 성질을 말할 수 있다.
	중	원의 현에 관한 성질을 이용하여 현의 길이를 구할 수 있다.
	상	원의 현에 관한 성질을 이용하여 다양한 문제를 해결할 수 있다.

활동하기

이 활동에서 필요한 알지오매스 도구

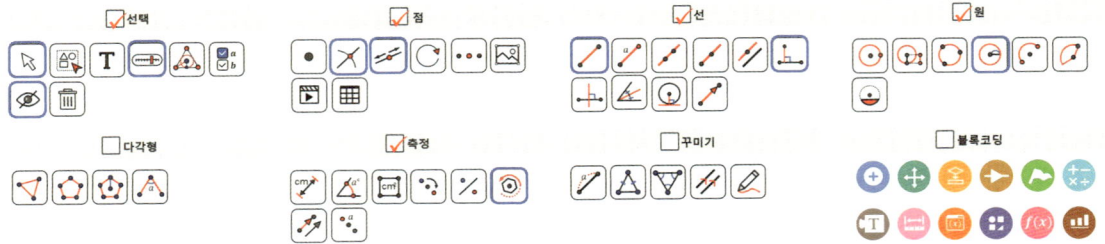

우측 상단에 있는 환경설정( )_그리드( )에서 그리드 보기 설정을 해제합니다.

선택 메뉴( )에서 슬라이더( )를 이용하여 슬라이더 a, b를 삽입합니다. 초깃값을 $a = 60$, $b = 1$로 설정합니다.

- 슬라이더 a(회전각) '간격 단위: 10, 최솟값: 0, 최댓값: 360, 배속: 20.0×'
- 슬라이더 b(중심으로부터 현까지의 거리) '간격 단위: 0.1, 최솟값: 0.5, 최댓값: 3'

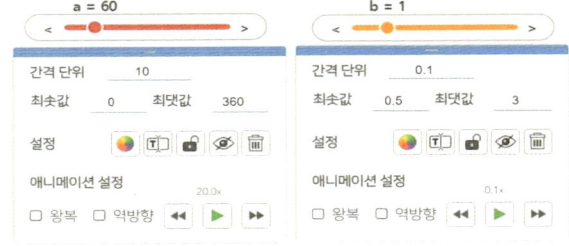

점 메뉴(•)에서 점(•)을 이용하여 기하창에 점 A를 나타냅니다. 점 A의 위치는 상관없습니다. 원 메뉴(◉)에서 중심과 반지름(◉)을 이용하여 점 A를 중심으로 하고 반지름이 3인 원을 그립니다.

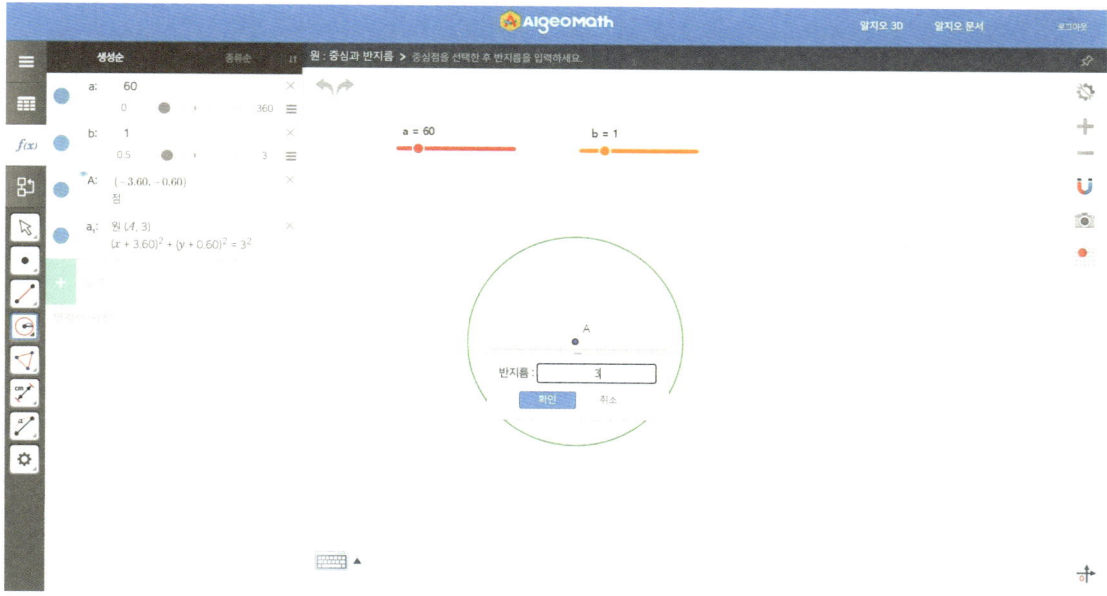

점 메뉴(•)에서 대상 위의 점(✐)을 이용하여 원 위의 점 B를 나타냅니다.

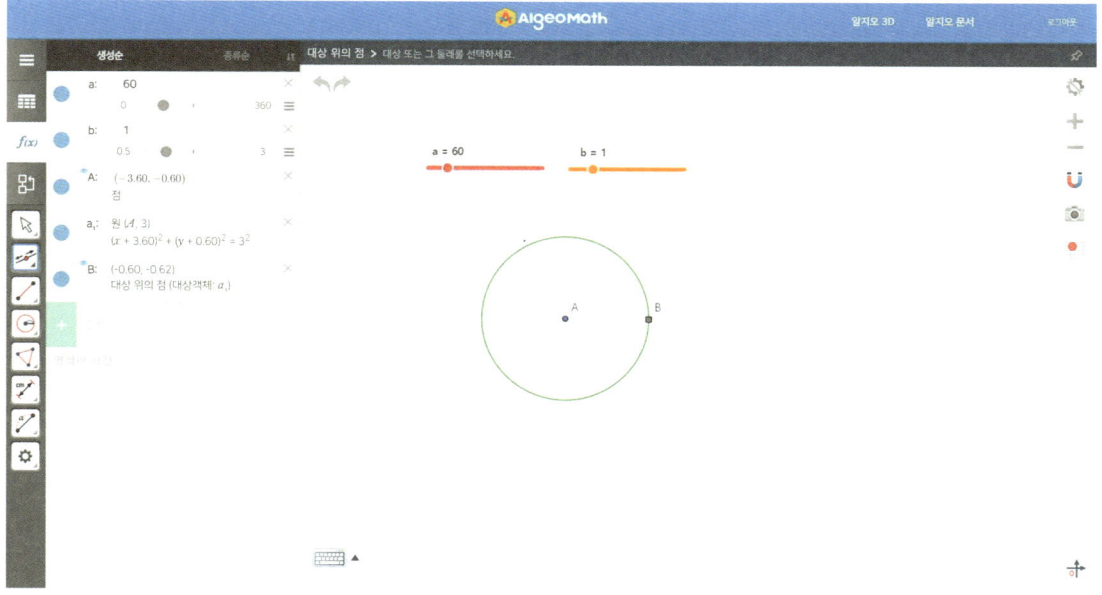

측정 메뉴(✎)에서 회전(◉)을 이용하여 점 B에 대해 점 A를 중심으로 반시계 방향으로 슬라이더의 값 a만큼 회전한 점 C를 나타냅니다. 회전(◉) 도구를 선택 후 점 B, 점 A를 차례로 선택하고, 팝업창이 뜨면 각도 설정에 'a'를 입력, 방향 설정은 '반시계 방향'을 체크한 후 '확인'을 누릅니다.

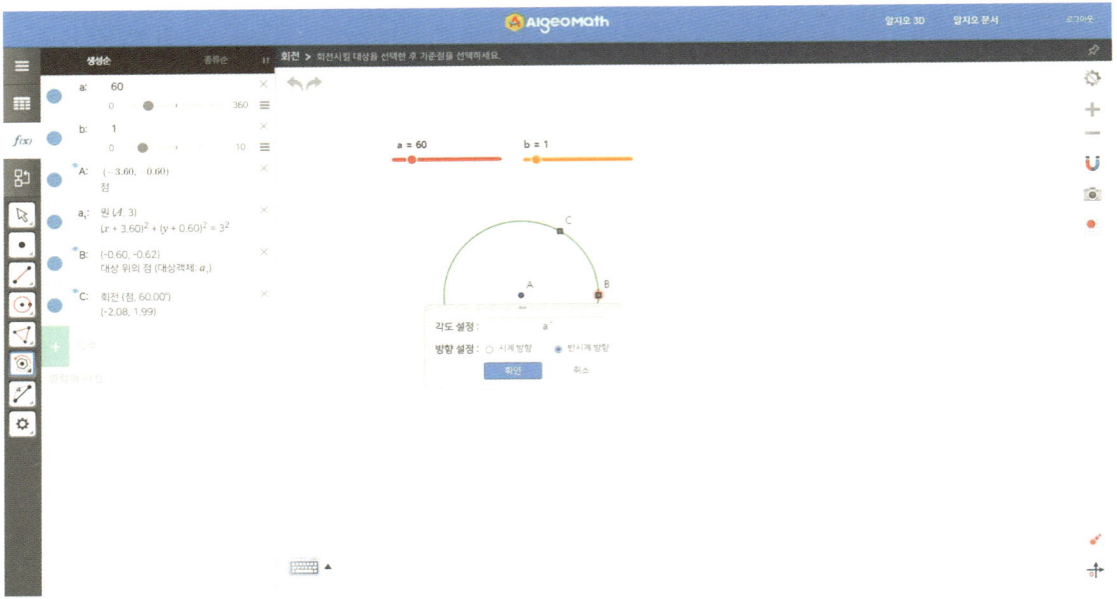

선 메뉴(✎)에서 선분(✎)을 이용하여 선분 AC를 나타냅니다.

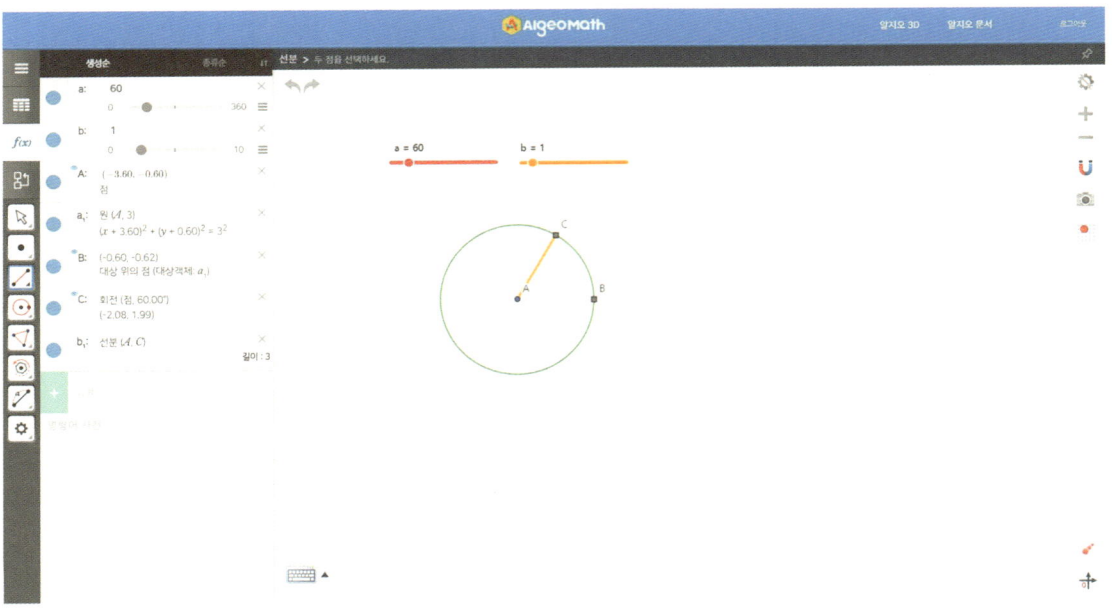

원 메뉴(◉)에서 중심과 반지름(◉)을 이용하여 점 A를 중심으로 하고, 반지름이 슬라이더 b의 값인 원을 나타냅니다.

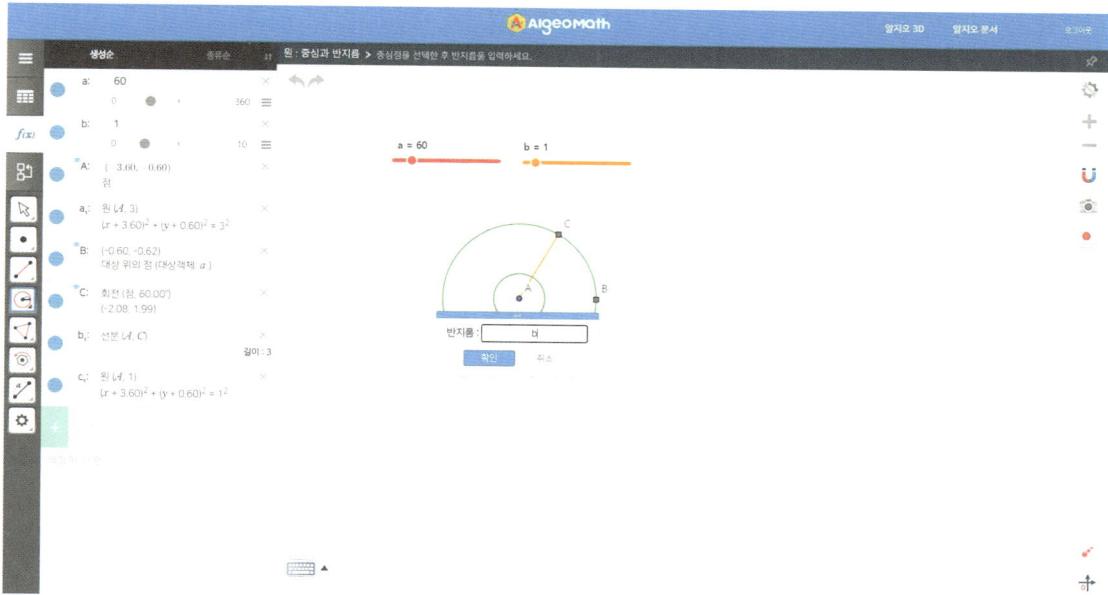

점 메뉴(•)에서 교점(✕)을 이용하여 방금 그린 원과 선분 AC의 교점 B_1을 나타냅니다.

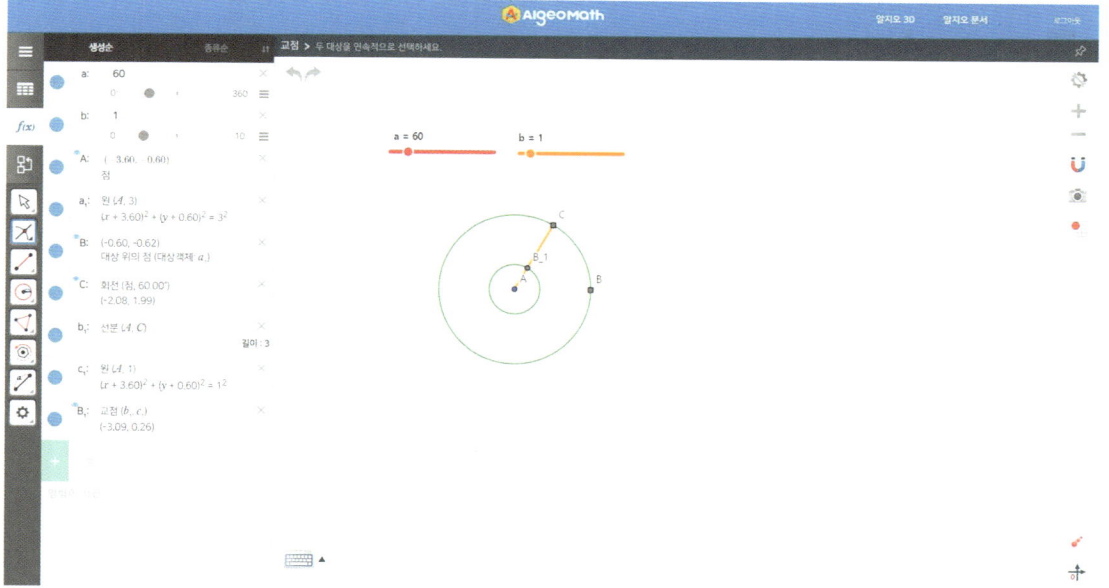

19. 원의 현을 이용한 스트링아트

선 메뉴(✏️)에서 수선(⊥)을 이용하여 교점 B_1을 지나고, 선분 AC에 수직인 직선 e_1을 나타냅니다.

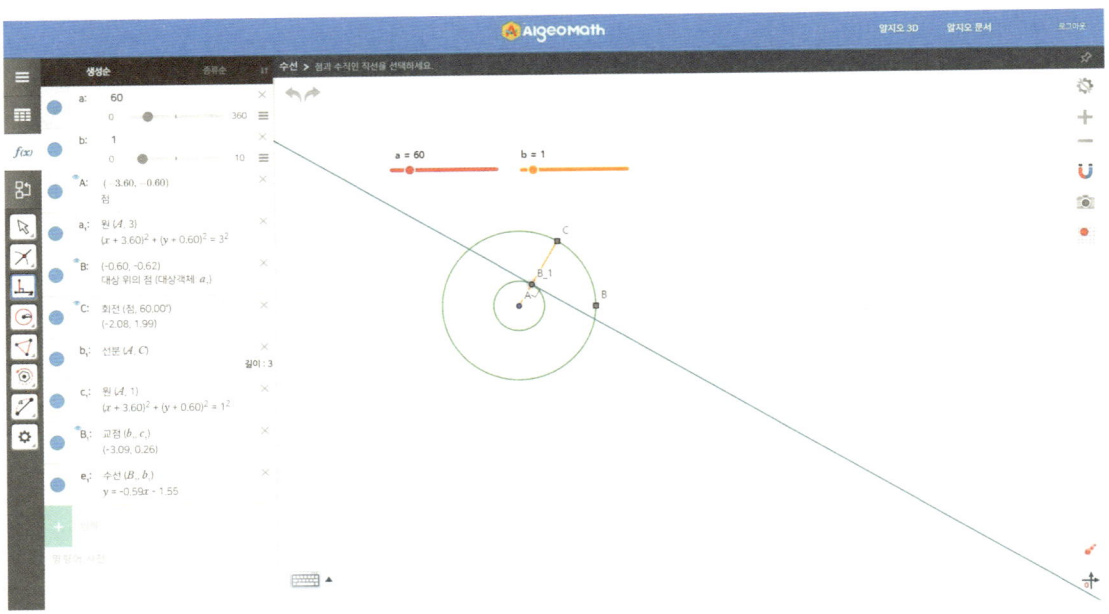

점 메뉴(•)에서 교점(✕)을 이용하여 수선 e_1과 처음 그렸던 원 a_1의 교점 C_1, D_1을 나타냅니다.

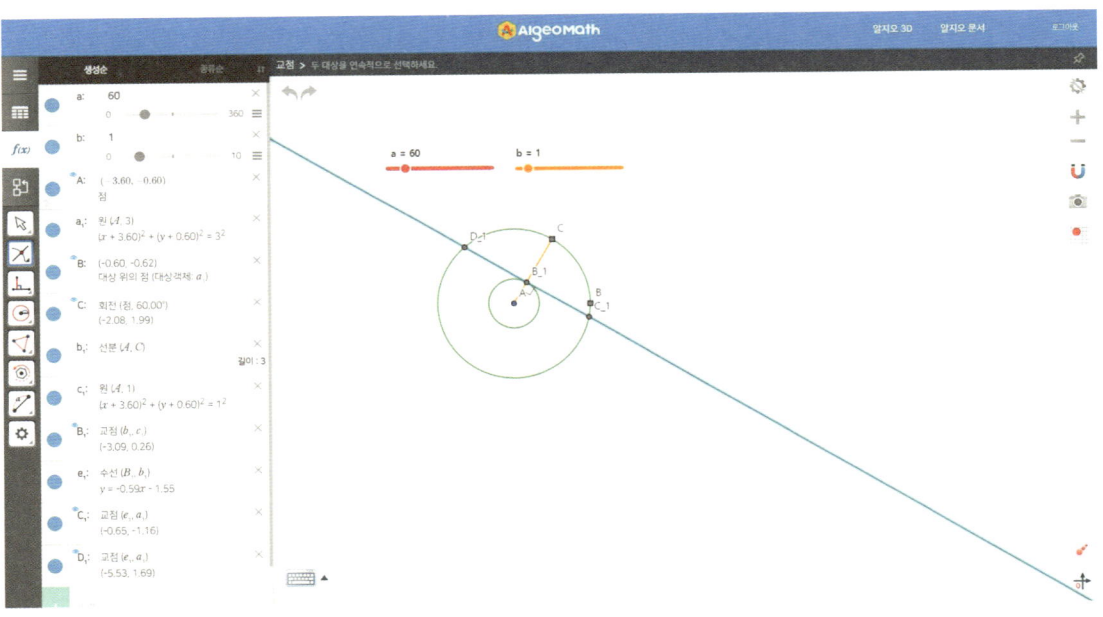

선택 메뉴(🖱)에서 숨기기(👁)를 이용하여 그림과 같이 점 B, C, 선분 AC, 원 c_1, 교점 B_1, 수선 e_1을 숨깁니다.

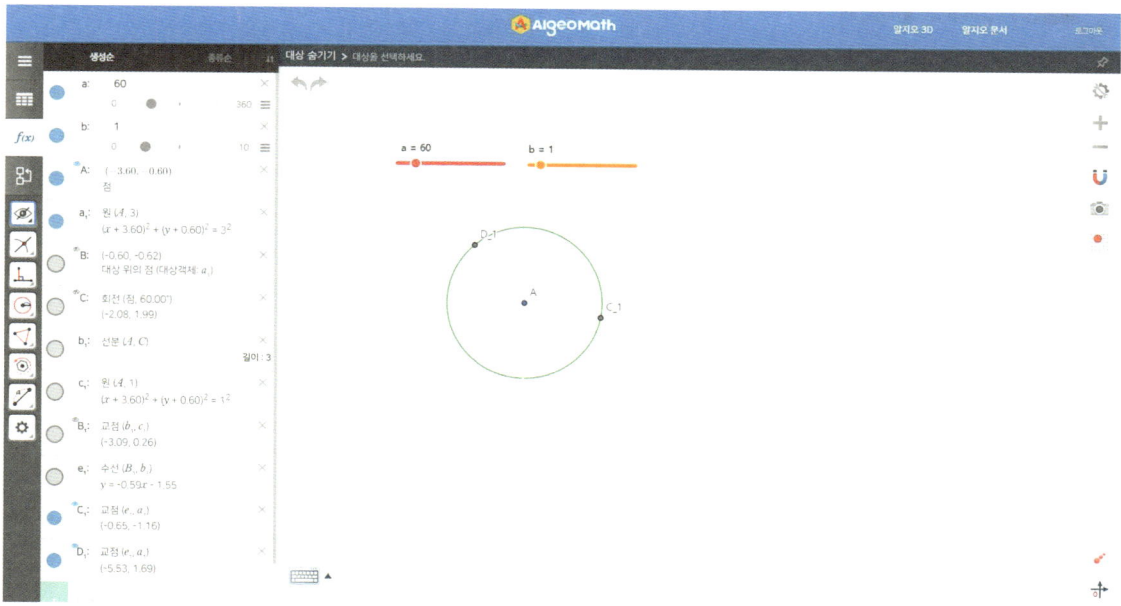

선 메뉴(✏)에서 선분(✏)을 이용하여 선분 C_1D_1을 나타냅니다. 선분 C_1D_1을 선택 후 설정 팝업 창 🔴━✏🔒👁🗑 에서 자취(✏)를 활성화합니다.

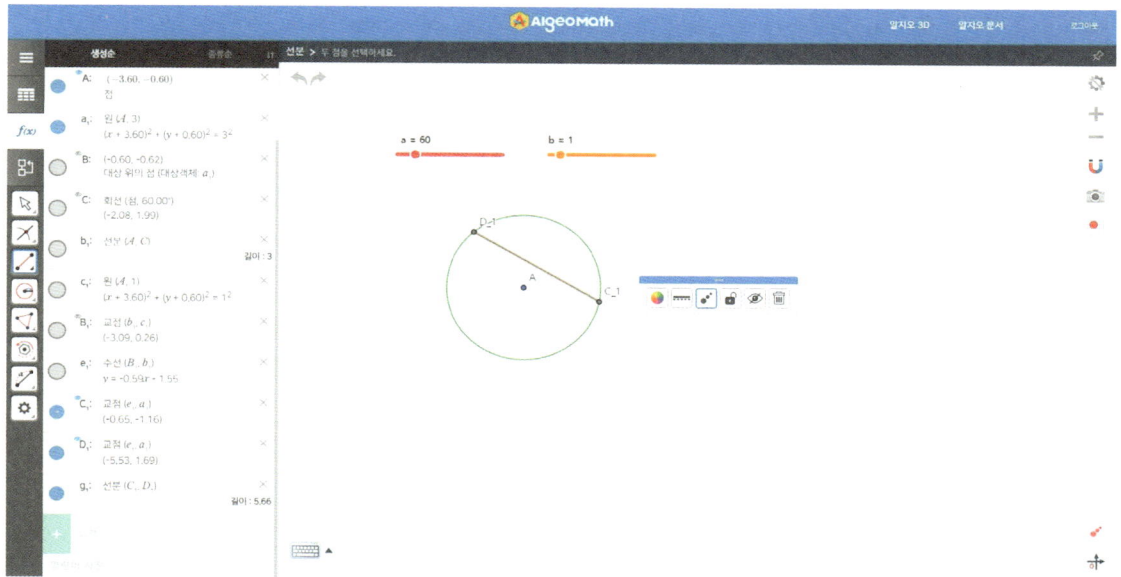

19. 원의 현을 이용한 스트링아트

슬라이더 a의 애니메이션을 실행(▶)하면 선분의 자취로 스트링아트가 나타납니다.

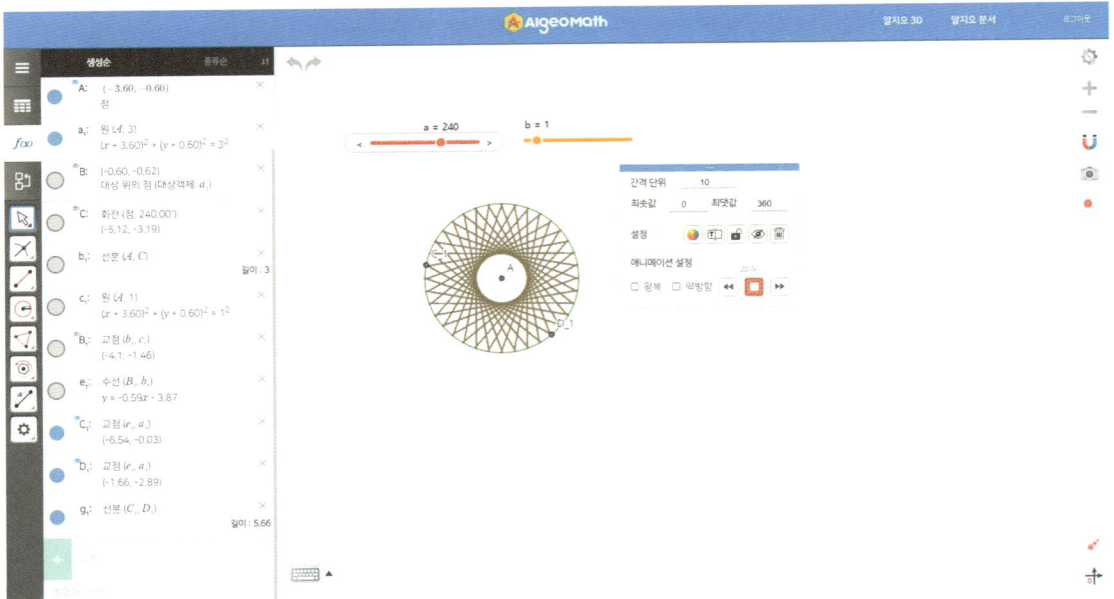

슬라이더 a의 간격 단위, 슬라이더 b의 값, 선분 C_1D_1의 색을 변화시키면서 다양한 스트링아트를 나타내보세요. 또한 하나의 스트링아트를 완성한 다음에 값을 변화시켜 다시 자취를 남기면 더욱 멋있는 스트링아트를 만들 수도 있습니다. 만든 작품은 패들렛 등을 통해서 공유해 보세요.

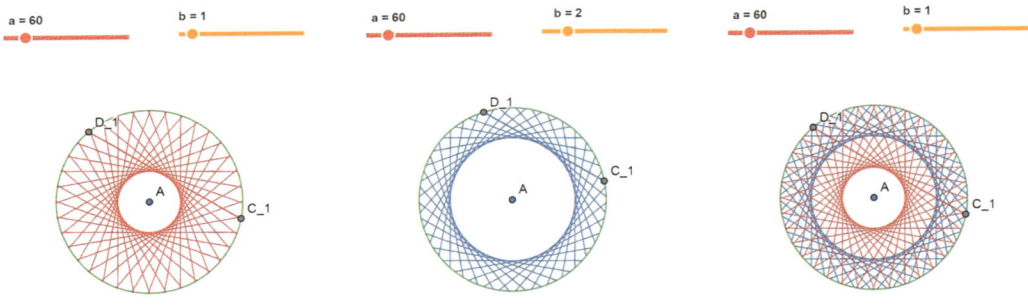